Torben Printz

Diagnostische Steuerung von Anlagenbauprojekten
Entwicklung eines Regelkreises

Bachelor + Master
Publishing

Printz, Torben: Diagnostische Steuerung von Anlagenbauprojekten: Entwicklung eines Regelkreises, Hamburg, Diplomica Verlag GmbH 2011
Originaltitel der Abschlussarbeit: Diagnostische Steuerung von Anlagenbauprojekten. Gestaltung eines Regelkreises im Kontext eines ganzheitlichen Projektmanagements

ISBN: 978-3-86341-082-7
Druck: Bachelor + Master Publishing, ein Imprint der Diplomica® Verlag GmbH, Hamburg, 2011
Zugl. Hamburger Fern-Hochschule, Hamburg, Deutschland, Bachelorarbeit, 2010

Bibliografische Information der Deutschen Nationalbibliothek:
Die Deutsche Nationalbibliothek verzeichnet diese Publikation in der Deutschen Nationalbibliografie;
detaillierte bibliografische Daten sind im Internet über http://dnb.d-nb.de abrufbar.

Die digitale Ausgabe (eBook-Ausgabe) dieses Titels trägt die ISBN 978-3-86341-582-2 und kann über den Handel oder den Verlag bezogen werden.

Dieses Werk ist urheberrechtlich geschützt. Die dadurch begründeten Rechte, insbesondere die der Übersetzung, des Nachdrucks, des Vortrags, der Entnahme von Abbildungen und Tabellen, der Funksendung, der Mikroverfilmung oder der Vervielfältigung auf anderen Wegen und der Speicherung in Datenverarbeitungsanlagen, bleiben, auch bei nur auszugsweiser Verwertung, vorbehalten. Eine Vervielfältigung dieses Werkes oder von Teilen dieses Werkes ist auch im Einzelfall nur in den Grenzen der gesetzlichen Bestimmungen des Urheberrechtsgesetzes der Bundesrepublik Deutschland in der jeweils geltenden Fassung zulässig. Sie ist grundsätzlich vergütungspflichtig. Zuwiderhandlungen unterliegen den Strafbestimmungen des Urheberrechtes.

Die Wiedergabe von Gebrauchsnamen, Handelsnamen, Warenbezeichnungen usw. in diesem Werk berechtigt auch ohne besondere Kennzeichnung nicht zu der Annahme, dass solche Namen im Sinne der Warenzeichen- und Markenschutz-Gesetzgebung als frei zu betrachten wären und daher von jedermann benutzt werden dürften.

Die Informationen in diesem Werk wurden mit Sorgfalt erarbeitet. Dennoch können Fehler nicht vollständig ausgeschlossen werden, und die Diplomarbeiten Agentur, die Autoren oder Übersetzer übernehmen keine juristische Verantwortung oder irgendeine Haftung für evtl. verbliebene fehlerhafte Angaben und deren Folgen.

© Bachelor + Master Publishing, ein Imprint der Diplomica® Verlag GmbH
http://www.diplom.de, Hamburg 2011
Printed in Germany

Inhaltsverzeichnis

Seite

Abbildungsverzeichnis

Tabellenverzeichnis

Abkürzungsverzeichnis

Symbolverzeichnis

Anlagenverzeichnis

1 Einführung und Zielsetzung 13

2 Grundzüge eines ganzheitlichen Projektmanagements 15
   2.1 Begriff und Wesen eines ganzheitlichen Projektmanagements 15
   2.2 Notwendigkeit und Erfolgsfaktoren 17
   2.3 Organisationseinheiten und Projektbeteiligte 18
   2.4 Aufbauorganisationsmodelle 20
       2.4.1 Stabs-Projektorganisation 20
       2.4.2 Matrix-Projektorganisation 20
       2.4.3 Reine Projektorganisation 21
       2.4.4 Eignung der Organisationsmodelle für den Anlagenbau 22
   2.5 Projektablauforganisation 23
       2.5.1 Projektinitiierung und Start 23
       2.5.2 Projektplanung 24
           2.5.2.1 Strukturierung des Projektes 25
           2.5.2.2 Terminplanung 25
           2.5.2.3 Kapazitätsplanung 26
           2.5.2.4 Kostenplanung 27
           2.5.2.5 Zusätzliche Planungsaspekte 28
       2.5.3 Projektrealisierung 28
       2.5.4 Projektabschluss 29
   2.6 Multiprojektmanagement 29

3 Diagnose und Steuerung von Anlagenbauprojekten 31
   3.1 Notwendigkeit und Grundprinzip 31
   3.2 Projektinformationsmanagement 32
   3.3 Diagnose des Projektstatus 34
       3.3.1 Leistungskontrolle 34
       3.3.2 Terminkontrolle 36
       3.3.3 Kostenkontrolle 37

		3.3.4	Kapazitätsüberwachung 38
		3.3.5	Risiko- und Chancenmanagement 39
	3.4	Ganzheitliche Earned Value-Analyse 41
		3.4.1	Terminologie und Visualisierung 42
		3.4.2	Vorgehensweise zur Durchführung der Earned Value-Analyse 43
		3.4.3	Kritische Würdigung der Earned Value-Analyse 46
	3.5	Ursachen- und Zusammenhangsanalyse 46
	3.6	Projektsteuerung und Maßnahmenverfolgung 47
4	Entwicklung eines Regelkreises für Anlagenbauprojekte 49
	4.1	Systemtheorie und Kybernetik 49
	4.2	Aufbau und Wirkungsweise des Projektregelkreises 50
	4.3	Ausgestaltung des Projektregelkreises zur ganzheitlichen diagnostischen Steuerung von Anlagenbauprojekten 51
		4.3.1	Prämissen und Rahmenbedingungen 51
		4.3.2	Ablaufprozesse des ganzheitlichen Projektregelkreises 51
			4.3.2.1 Vorlaufprozess 52
			4.3.2.2 Analyseprozess 54
			4.3.2.3 Steuerungsprozess 57
		4.3.3	Geschlossener Ablaufprozess 60
		4.3.4	Kritische Würdigung des ganzheitlichen Projektregelkreises 61
5	Fazit und Ausblick 62
Literaturverzeichnis 63
Anlagen 66

Abbildungsverzeichnis

                                                                                              Seite

Abb. 2.1: Projektausrichtung im unternehmerischen Kontext 15
Abb. 2.2: Wesentliche Misserfolgsfaktoren bei Projektabwicklungen 17
Abb. 2.3: Zusammenhang der einzelnen Projektphasen 23

Abb. 3.1: Ablauf der Projektdiagnose und -steuerung 31
Abb. 3.2: Elemente des Projektinformationsmanagements 33
Abb. 3.3: Meilenstein-Trenddiagramm 36
Abb. 3.4: Kosten-Trenddiagramm 38
Abb. 3.5: Inhalte eines analytischen Risikomanagements 39
Abb. 3.6: Risikoportfolio und Handlungsempfehlungen 40
Abb. 3.7: Visualisierung der Earned Value-Analyse 42
Abb. 3.8: Ursache-Wirkungs-Netzwerk 47
Abb. 3.9: Steuerungsprozess und Maßnahmenverfolgung 48

Abb. 4.1: Regelkreis zur Projektsteuerung im weiteren Sinne 50
Abb. 4.2: Ablaufprozesse der diagnostischen Projektsteuerung 51
Abb. 4.3: Geschlossener Ablaufprozess des Projektregelkreises 60

Tabellenverzeichnis

                                                                                    Seite

Tab. 4.1:   Ausgewählte Problemfelder des Vorlaufprozesses 54

Tab. 4.2:   Ausgewählte Problemfelder des Analyseprozesses 57

Tab. 4.3:   Ausgewählte Problemfelder des Steuerungsprozesses 59

Abkürzungsverzeichnis

Abb.	Abbildung
ACWP	Actual Costs of Work Performed
Aufl.	Auflage
BC	Budgeted Costs
BCWP	Budgeted Costs of Work Performed
BCWS	Budgeted Costs of Work Scheduled
bzw.	beziehungsweise
CEC	Cost Estimate at Completion
CPI	Cost Performance Index
CV	Cost Variance
DIN	Deutsches Institut für Normung
EDV	Elektronische Datenverarbeitung
EN	Europäische Norm
et al.	etalii
etc.	et cetera
f.	folgende
ff.	fortfolgende
ggf.	gegebenenfalls
GPM	Deutsche Gesellschaft für Projektmanagement
Hrsg.	Herausgeber
i.e.S.	im engeren Sinne
i.w.S.	im weiteren Sinne
ISO	International Standard Organisation
Nr.	Nummer
o.Ä.	oder Ähnliches / oder Ähnlichem
PD	Project Duration
PMBOK	Project Management Body of Knowledge
PMI	Project Management Institute
PSP	Projektstrukturplan

S.	Seite
sog.	sogenannte
SPI	Schedule Performance Index
SV	Schedule Variance
Tab.	Tabelle
TEC	Time Estimate at Completion
TEUR	Tausend Euro
TV	Time Variance
u.a.	unter anderem
URL	Uniform Resource Locator
vgl.	vergleiche
z.B.	zum Beispiel
ZE	Zeiteinheiten

Symbolverzeichnis

$ACWP$	Istkosten zum Stichtag
BC	gesamte Plankosten
$BCWP$	Sollkosten zum Stichtag
$BCWS$	Plankosten zum Stichtag
CEC	voraussichtliche Gesamtkosten
$CEC_{add.}$	voraussichtliche Gesamtkosten (additiver Ansatz)
$CEC_{lin.}$	voraussichtliche Gesamtkosten (linearer Ansatz)
CPI	Kostenindex
CV	Kostenabweichung
$CV_{abs.}$	absolute Kostenabweichung
$CV_{rel.}$	relative Kostenabweichung
$p(R)$	Risikoeintrittswahrscheinlichkeit
PD	gesamte Plandauer
$Rw(R)$	Risikowert
SPI	Leistungsindex
SV	Leistungsabweichung
$SV_{abs.}$	absolute Leistungsabweichung
$SV_{rel.}$	relative Leistungsabweichung
TEC	voraussichtliche Gesamtdauer
$TEC_{add.}$	voraussichtliche Gesamtdauer (additiver Ansatz)
$TEC_{lin.}$	voraussichtliche Gesamtdauer (linearer Ansatz)
TV	Terminabweichung
$Tw(R)$	Tragweite bei Risikoeintritt

Anlagenverzeichnis

                                                                                                 Seite

Anlage 1:   Projektorganisationsmodelle 66

Anlage 2:   Objektorientierter Projektstrukturplan 67

Anlage 3:   Balkendiagramm und Netzplan 68

Anlage 4:   Projektstatusbericht 69

Anlage 5:   Verfügbarkeitstabelle und Belastungsdiagramm 70

1 Einführung und Zielsetzung

Die Bearbeitung und Abwicklung von Großaufträgen ist für Unternehmen im Anlagenbau mit wesentlichen finanziellen Risiken verbunden. Darüber hinaus wirkt sich eine verspätete Fertigstellung oder eine vertragsmäßig vereinbarte, aber nicht erreichte Produktleistung negativ auf die Reputation aus und zieht regelmäßig einen Vertrauensverlust nach sich, welcher die wirtschaftliche Zukunft des Unternehmens gefährden kann. Um das Risiko eines Misserfolges im Rahmen der Auftragsabwicklung zu minimieren und eine gezielte Verfolgung der wirtschaftlichen und technischen Ziele zu gewährleisten, empfiehlt sich der Einsatz eines ganzheitlichen Projektmanagements. Ein derartiger Ansatz sichert hierbei sowohl die Verfolgung der primären Zieldimensionen *Leistung*, *Zeit* und *Kosten*, stellt aber auch die Berücksichtigung weiterer erfolgsbestimmender Faktoren sicher, wie die Erfüllung von Qualitätsforderungen, ein gezieltes Risiko- und Chancenmanagement oder die Koordination eigener Kapazitäten (vgl. Kraus, Westermann 2010: 20-22). Letzteres weist für Anlagenbauunternehmen eine besondere Signifikanz auf, da für diese die Auftragsabwicklung das Kerngeschäft bildet und somit regelmäßig eine parallele Bearbeitung unterschiedlicher Aufträge vorliegt. Um den optimalen Einsatz der unternehmensinternen Ressourcen zu gewährleisten, ist daher die Bearbeitung eines einzelnen Auftrages in ein auftragsübergreifendes Multiprojektmanagement zu integrieren.

Die erfolgreiche Abwicklung eines Auftrages im Anlagenbau basiert, neben einer detaillierten Projektplanung, primär auf der Fähigkeit, gezielt und effektiv auf Veränderungen der Projektumwelt zu reagieren und trotz geänderter Bedingungen weiterhin die Projektziele zu verfolgen. Um dies zu gewährleisten, ist während der gesamten Auftragsbearbeitung ein sich stetig wiederholender und modifizierender Vorgang der Projektdiagnose und -steuerung vorzunehmen (vgl. Burghardt 2007: 169 f.). Eine diagnostische Projektsteuerung dient hierbei dazu, zukünftig erwartete oder bereits eingetretene Veränderungen der Projektumwelt zu erkennen und mittels geeigneter Maßnahmen auf diese zu reagieren, um den Projekterfolg weiterhin gewährleisten zu können. Ein strukturiertes und analytisches Vorgehen sichert dabei den Einbezug aller erfolgskritischen Faktoren und führt zu einer Reduzierung des Risikos eines technischen und wirtschaftlichen Misserfolges.

Die vorliegende Arbeit beschäftigt sich daher mit den Grundlagen eines ganzheitlichen Projektmanagements im Allgemeinen, den Aspekten und Methoden der Projektdiagnose und -steuerung im Speziellen und der darauf aufbauenden Gestaltung eines modellhaften Projektregelkreises zur ganzheitlichen Diagnose und Steuerung von Anlagenbauprojekten.

Die vorliegende Untersuchung beschäftigt sich zunächst mit den Grundzügen eines ganzheitlichen Projektmanagements, um seine Notwendigkeit für den Anlagenbau herauszuarbeiten und um die nachfolgende Fokussierung auf die Projektdiagnose und -steuerung im methodischen Kontext darzustellen. Hierzu werden grundlegende Aspekte wie das Wesen des Projektmanagements, Erfolgsfaktoren, involvierte Organisationseinheiten bzw. Projektbeteiligte und geeignete Aufbauorganisationsmodelle von Projektmanagementstrukturen erläutert. Im Folgenden wird eine Darstellung der Projektablauforganisation vorgenommen, wobei insbesondere die Projektplanung aufgrund ihrer Bedeutung für die anschließende Projektausführung fokussiert wird. Der Überblick über die Grundzüge des Projektmanagements wird mit einer Erläuterung der Signifikanz eines funktionierenden Multiprojektmanagements für den Anlagenbau abgeschlossen.

Die detaillierte Erläuterung der Projektdiagnose und -steuerung wird mit einer Beschreibung ihres Grundprinzips eingeleitet und der Darstellung eines umfassenden Projektinformationssystems fortgesetzt. Anschließend werden die Inhalte und Methoden der Projektdiagnose erläutert, wobei neben der Diagnose der primären Zieldimensionen auch die Kapazitätsüberwachung und das Risiko- und Chancenmanagement dargestellt wird. Im Folgenden wird die Earned Value-Analyse als eigene Methodik in Bezug auf Inhalte, Visualisierung und Vorgehensweise erläutert und eine kritische Würdigung der praktischen Eignung vorgenommen. Den Abschluss der detaillierten Untersuchung der Projektdiagnose und -steuerung bilden Erläuterungen zur Bedeutung und Methodik von Ursachen- und Zusammenhangsanalysen von Planabweichungen und dem Einleiten und Verfolgen von Steuerungsmaßnahmen zum Zwecke der Zielerreichung.

Das Ziel der vorliegenden Arbeit bildet die Gestaltung eines ganzheitlichen Projektregelkreismodells, welches die zuvor erlangten Erkenntnisse in einen analytischen und systematischen Kontext bringt und die wesentlichen Problemfelder des Anlagenbaus explizit berücksichtigt. Hierzu werden zunächst in knapper Form die Grundlagen der Systemtheorie und Kybernetik erläutert und der allgemeine Projektregelkreis dargestellt. Anschließend wird ein konkretes Modell eines ganzheitlichen Projektregelkreises ausgestaltet, wobei dieser zunächst in einzelne Prozessschritte zerlegt wird, die ihrerseits gezielt erläutert und auf die Bedürfnisse des Anlagenbaus ausgerichtet werden. Abschließend werden die einzelnen Prozessschritte zu einem geschlossenen Ablaufprozess verdichtet und eine kritische Würdigung des entwickelten Projektregelkreises vorgenommen.

Den Abschluss der vorliegenden Untersuchung bilden ein zusammenfassendes Fazit und ein Ausblick hinsichtlich der zukünftigen Notwendigkeit effektiver Methoden zur Diagnose und Steuerung von Anlagenbauprojekten.

2 Grundzüge eines ganzheitlichen Projektmanagements

2.1 Begriff und Wesen eines ganzheitlichen Projektmanagements

Das Projektmanagement gewann sowohl als Fachdisziplin, als auch als unternehmerischer Aufgabenbereich in den letzten Jahren zunehmend an Bedeutung. Mittlerweile ist die Projektorganisation in vielen Branchen - darunter insbesondere der Anlagenbau - die vorherrschende Arbeitsform (vgl. Zimmermann et al. 2006: 1). Dabei werden spezielle Anforderungen an die Organisation, Planung, Überwachung und die Steuerung von Projekten gestellt, da traditionelle Linienorganisationen mit ihrer langfristigen Ausrichtung den Bedürfnissen der Projektbearbeitung nicht genügen (vgl. Litke 2007: 17). Somit basiert ein ganzheitliches Management vorrangig auf der Ausrichtung hinsichtlich der Zielgrößen Kosten, Zeit und Leistung, aber auch auf Aspekten wie beispielsweise der Leistungsqualität, dem Chancen- und Risikomanagement oder der Ressourcenkoordination zwischen einzelnen Projekten (siehe Abb. 2.1).[1]

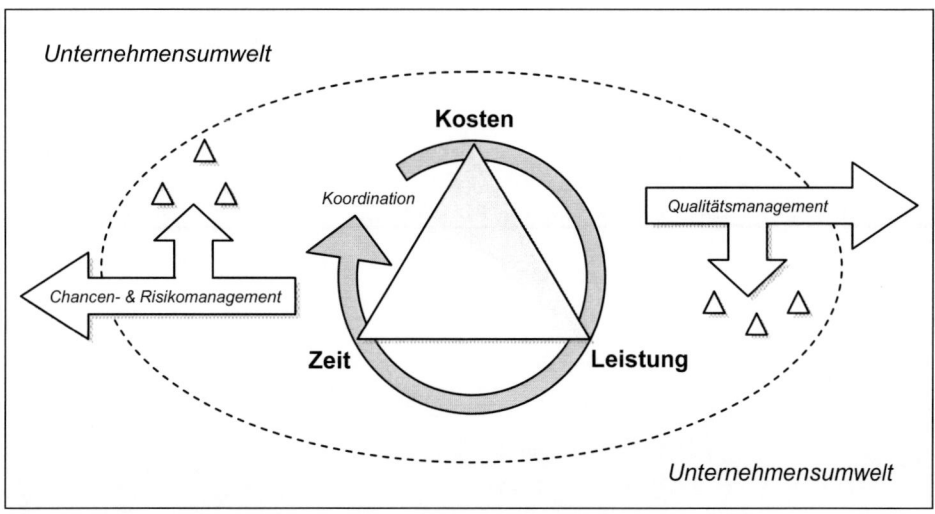

Abb. 2.1: Projektausrichtung im unternehmerischen Kontext (eigene Darstellung)

Ein *Projekt* stellt hierbei ein Vorhaben dar, durch welches in einem vorgegebenen Zeitraum und unter Nutzung knapper Ressourcen zuvor definierte Ziele erreicht werden sollen. Projekte stellen definitionsgemäß etwas Zusätzliches und Besonderes dar, deren konkrete Bearbeitung geeignete Regelungen und Verfahren erfordert (vgl. Corsten et al. 2008: 1; Fiedler 2010: 2-4; Pfetzing, Rohde 2009: 20; Zimmermann et al. 2006: 2). In Bezug auf den Anlagenbau ist die Definition des Zusätzlichen jedoch in der Regel unzutreffend, da die Projektbearbeitung hierbei das Kerngeschäft darstellt.

---

[1] Zur Abgrenzung der *Zieldimensionen des Projektmanagements* siehe auch Bea et al. 2008: 7-14; Bendisch, Kern 2006: 4-7; Burghardt 2007: 22-26; Corsten et al. 2008: 4 f.; Fiedler 2010: 8-10; Schwarze 2010: 15 f.

Die Fachliteratur hat eine große Anzahl von Definitionen für den Begriff des „Projektes" hervorgebracht. Daher ist es zweckdienlich, eine Abgrenzung anhand der *Projektmerkmale* vorzunehmen. Diese sind in erster Linie (vgl. Bea et al. 2008: 30-32; Corsten et al. 2008: 2-6; Pfetzing, Rohde 2009: 21):

- Zielvorgabe
- Neuartigkeit
- Komplexität (viele Beteiligte unterschiedlicher Disziplinen)
- Abgrenzbarkeit (Vorhandensein eines definierten Anfangs und Endes)
- Zeitliche, finanzielle, personelle oder ähnliche Restriktionen
- Bedeutsamkeit (für die projektrealisierende Organisation/Institution)
- Nicht standardisierbare Wechselbeziehungen in der Ablauforganisation

Vielfach wird von verschiedenen Autoren auch das Merkmal *Einmaligkeit* als Projektattribut angeführt. Da Anlagenbauprojekte allerdings durchaus Ähnlichkeiten mit in der Vergangenheit bereits durchgeführten Projekten aufweisen können und somit über einen Wiederholungscharakter verfügen, wird dieses Merkmal hier nicht aufgeführt (vgl. Corsten et al. 2008: 2 f.).

Im Folgenden soll weiterhin zwischen *internen* und *externen* Projekten sowie zwischen *einmalig auszuführenden* und *Routineprojekten* unterschieden werden. Hierbei stellen Projekte im Anlagenbau in der Regel externe Routineprojekte dar, also Projekte, deren Auftraggeber ein Kunde ist und deren Gesamtheit der Rahmenbedingungen nicht identisch, aber durchaus vergleichbar sind. Der Vorteil von Routineprojekten besteht darin, dass Erfahrungswerte vergangener Projektabwicklungen in aktuelle Projektprozesse einfließen und somit das Projektrisiko mindern können (vgl. Zimmermann et al. 2006: 2 f.).

Weiterhin bildet das *Projektmanagement* die Gesamtheit aller Planungs-, Steuerungs-, Koordinierungs- und Überwachungsaktivitäten und -methoden, die zur sach-, termin- und kostengerechten Bearbeitung erforderlich sind. Diese Betrachtungsweise wird auch als *Leitungskonzept* bezeichnet. Daneben verkörpert das Projektmanagement auch die betriebliche Organisationseinheit, welche die Führungsaufgaben übernimmt, die zur erfolgreichen Projektdurchführung erforderlich sind (vgl. Bea et al. 2008: 14; Corsten et al. 2008: 6 ff.; Zimmermann et al. 2006: 3). Dieser Blickwinkel auf das Projektmanagement wird als *Organisationskonzept* deklariert.[2]

---

[2] Zur Thematik des *Leitungs-* und *Organisationskonzeptes* vgl. weiterführend Rinza 1998: 4 f.

2.2 Notwendigkeit und Erfolgsfaktoren

Eine zielorientierte und möglichst planmäßige Durchführung von Projekten ist insbesondere im Bereich des Anlagenbaus notwendig, da diese Projekte für die initiierenden Unternehmen in der Regel sehr kostenintensive Vorhaben darstellen. Mängel im Rahmen der Projektabwicklung führen häufig unmittelbar zu einer Reduzierung der Wirtschaftlichkeit des Projektes, im schlimmsten Fall sogar zu Verlustaufträgen. Eine inkonsequente Anwendung des Projektmanagements stellt in der Praxis einen wesentlichen Auslöser für Probleme in der Projektabwicklung dar (vgl. Fiedler 2010: 9). Studien der vergangenen Jahre zeigen regelmäßig die gleichen Faktoren auf, die zur Nichteinhaltung von Kosten- und Terminzielen oder der unzureichenden Qualität technischer Lösungen führen:

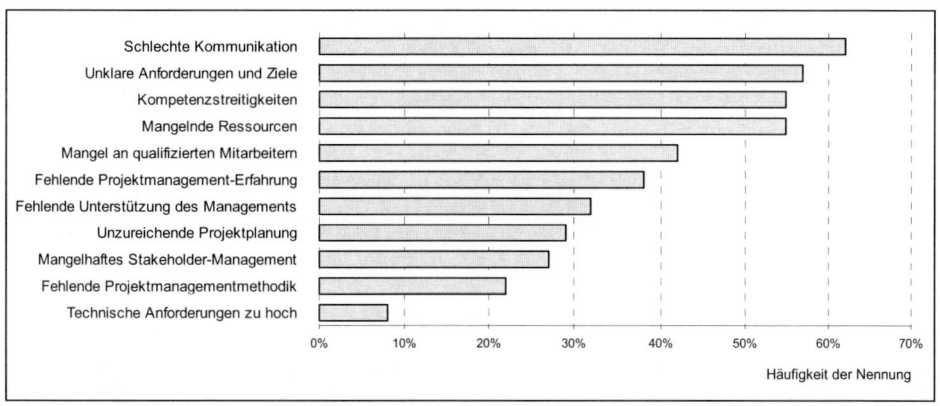

Abb. 2.2: Wesentliche Misserfolgsfaktoren bei Projektabwicklungen (GPM, PA Consulting Group 2007)

Hieran lässt sich die Bedeutung einer effizienten und effektiven Kommunikation zwischen sämtlichen Projektbeteiligten erkennen sowie die Signifikanz einer zweckmäßigen und eindeutigen Zieldefinition. Grundsätzlich können folgende wesentliche Erfolgsfaktoren für die Projektabwicklung bestimmt werden (vgl. Bergmann, Garrecht 2008: 243 f.; Pfetzing, Rohde 2009: 49 f.):

- Offene und direkte Kommunikation und Informationsweitergabe
- Klar vereinbarte und allgemein verständliche Projektziele
- Angemessene und methodengestützte Projektplanung
- Sicherstellung ausreichender Unterstützung durch das Top-Management
- Ausreichende Kompetenz, Befugnis und Autorität des Projektleiters
- Transparenter und kooperativer Führungsstil des Projektleiters
- Zweckmäßige aber umfassende Projektkontrolle
- Adäquate Besetzung und Motivation des gesamten Projektteams
- Projektspezifisches antizipativ orientiertes Risikomanagement

2.3 Organisationseinheiten und Projektbeteiligte

Die Bearbeitung von Anlagenbauprojekten beinhaltet regelmäßig den interdisziplinären Kontakt verschiedenster unternehmensinterner und -externer Projektbeteiligter und Interessengruppen. Im Folgenden wird hierbei zwischen *internen* und *externen* Beteiligungen unterschieden.

Interne Beteiligungen

Zu den internen Beteiligungen zählen vorrangig der Projektleiter und das Projektteam, aber auch die Unternehmensführung und die nicht direkt dem einzelnen Projekt zuzuordnenden Organisationseinheiten wie beispielsweise Fachbeauftragte aus den Bereichen Qualitätsmanagement oder Recht (vgl. Pfetzing, Rohde 2009: 61 f.). Es lässt sich feststellen, dass die Effektivität des Projektmanagements zu einem Großteil auf der psychologisch-sozialen Komponente - dem Teamgedanken - beruht.[3] Der *Projektleiter* muss als Bindeglied zwischen sämtlichen Organisationseinheiten und Interessengruppen sowohl dieser Komponente als auch einer großen Anzahl weiterer Aspekte ein angemessenes Maß an Aufmerksamkeit widmen. Da von der Person des Projektleiters sehr stark die Frage nach dem Erfolg oder Misserfolg des Projekts beeinflusst wird, werden an ihn gesteigerte Anforderungen gestellt (vgl. Burghardt 2007: 64-66; Kerzner 2008: 152). So muss er über ein ausgeprägtes fachliches Know-How bezüglich der Methoden des Projektmanagements verfügen, als Führungspersönlichkeit auf besondere Fähigkeiten hinsichtlich Kooperation und Menschenführung zurückgreifen können und gute wirtschaftliche und technische Kenntnisse in sich vereinen.[4] Von signifikanter Bedeutung ist weiterhin, dass ein Projektmanager als „Generalist" fungiert und sich nicht als „Spezialist" zu tief in detaillierte Fragestellungen der einzelnen Fachgebiete vertieft. Dies birgt die Gefahr, dass die primären Aufgaben des Projektleiters - das Überwachen, die Kontrolle und die Steuerung des Gesamtprojektes - vernachlässigt werden und die Übersicht über das Projekt verloren geht.[5] Somit ist grundsätzlich davon abzusehen, hochqualifizierte und -spezialisierte Ingenieure als Projektleiter im Anlagenbau einzusetzen, um dem Risiko eines Verlierens in fachlichen Details und einer damit verbundenen

---

[3] *Psychologisch-soziale Aspekte* spielen im Kontext einer erfolgreichen Projektabwicklung eine wesentliche Rolle. Die Untersuchung dieser Aspekte wird im Rahmen der vorliegenden Arbeit jedoch nicht tiefergehend behandelt. Zur Bedeutung von *situativen und psychologischen Prozessen* im Projektmanagement siehe u.a. Burghardt 2007: 247-256; Kerzner 2008: 206-225; Kraus, Westermann 2010: 145-178; Litke 2007: 164 ff.; Spiess, Felding 2008.
[4] Zu den Anforderungen an den „*idealen*" Projektleiter siehe auch Burghardt 2008: 110-112; Kerzner 2008: 152-156; Körner 2008: 53-83; Litke 2007: 165 f.; Pfetzing, Rohde 2009: 52 f.
[5] Darüber hinaus stellen die *Zielklärung*, *Organisation*, *Planung* und die *Koordination* des Gesamtprojektes die wesentlichen Aufgaben des Projektleiters dar; vgl. hierzu Litke 2007: 166-169.

potentiellen Demotivation der übrigen fachlichen Mitglieder des Projektteams entgegen zu wirken (vgl. Litke 2007: 67 f.; Pfetzing, Rohde 2009: 143 f.).

Das *Projektteam* setzt sich im Anlagenbau in der Regel aus Mitarbeitern einzelner Fachbereiche wie beispielsweise dem Maschinenbau oder der Elektrotechnik zusammen. Je nach Ressourcenbedarf werden die entsprechenden Fachkräfte in den Projekten eingesetzt, die jeweils zu priorisieren sind.[6] Unterstützt werden diese Fachkräfte durch Mitarbeiter des Projektmanagementoffice, welches als dauerhafte Einrichtung dazu dient, den methodischen Rahmen und die Projektmanagementstandards für die einzelnen Projekte zu sichern (vgl. Burghardt 2008: 113-118; Campana 2005: 20-22; Kuster et al. 2008: 107 f.). Grundsätzlich planen und steuern die Mitglieder des Projektteams ihre Arbeitspakete weitgehend selbst und benötigen keine konkreten Einzelanweisungen (vgl. Litke 2007: 174). Der Projektleiter übernimmt hierbei demnach lediglich eine koordinierende Tätigkeit, was die Notwendigkeit von Team- und Kooperationsfähigkeit, Selbstständigkeit und Kommunikationsbereitschaft eines jeden Projektmitgliedes verdeutlicht (vgl. Bendisch, Kern 2006: 19 f.; Pfetzing, Rohde 2009: 54 f.).

Externe Beteiligungen

Externe Projektbeteiligungen setzen sich zumeist aus einer Vielzahl von *Stakeholdern*, also Bezugs-, Interessen- oder Anspruchsgruppen, zusammen. Vorrangig ist hierbei der Auftraggeber bzw. Kunde zu nennen, der die Kosten des Projektes trägt und aus dem Projektergebnis einen wirtschaftlichen Nutzen erzielen möchte. Darüber hinaus sind gewöhnlich weitere externe Projektbeteiligungen zu koordinieren, wie Lieferanten für Materialien und Komponenten, Transportunternehmen, Behörden oder sonstige Dienstleistungsunternehmen (vgl. Bendisch, Kern 2006: 19; Pfetzing, Rohde 2009: 26 und 57). Dabei ist zu berücksichtigen, dass im Rahmen international abzuwickelnder Projekte unterschiedliche Kulturen, Mentalitäten und Wertesysteme aufeinander treffen, woraus diverse Konfliktsituationen entstehen können. Hierbei ist es Aufgabe des Projektleiters, potentielle Konflikte zu antizipieren und diese mit einem entsprechenden Maß an Weltoffenheit und Einfühlungsvermögen bereits im Vorfeld zu vermeiden (vgl. Pfetzing, Rohde 2009: 30 f.). Da die Mehrheit der externen Projektbeteiligten unterschiedliche Erwartungen und Zielsetzungen im Hinblick auf das Projekt verfolgen, sollten diese mittels einer geeigneten Stakeholderanalyse durch den Projektleiter hinterfragt und beurteilt werden (vgl. Bea et al. 2008: 99 f.).[7]

---

[6] Zur Thematik des *Multiprojektmanagements* siehe Kapitel 2.6.
[7] Zur Ausgestaltung von *Stakeholderanalysen* siehe auch Patzak, Rattay 2008: 71 f.

2.4 Aufbauorganisationsmodelle

In der Literatur haben sich im Wesentlichen drei Grundtypen für eine projektspezifische Organisation herausgebildet, welche sich vorrangig durch die Kompetenzen des Projektleiters unterscheiden und in Abhängigkeit der zu bearbeitenden Projekte diverse Vor- und Nachteile aufweisen (vgl. Litke 2007: 69; Pfetzing, Rohde: 2009: 64).[8]

2.4.1 Stabs-Projektorganisation

Im Konzept der Stabs-Projektorganisation sind keine Weisungsbefugnisse des Projektleiters vorgesehen, welcher als Stabsstelle in der Hierarchie des Unternehmens eingegliedert ist, während die Projektmitarbeiter in der Linienorganisation verbleiben. Der Projektleiter übt primär koordinierende Tätigkeiten aus, trägt keine direkte Verantwortung hinsichtlich der Zieldimensionen des Projektes und kann auf diese lediglich durch Empfehlungen, Hinweise und Berichte einwirken. Er verfolgt den Ablauf des Projektes in terminlicher, kostenmäßiger und sachlicher Hinsicht und empfiehlt der Linienorganisation im Bedarfsfall durchzuführende Maßnahmen. Als vorteilhaft kann hierbei betrachtet werden, dass sich die Stabs-Projektorganisation durch ein hohes Maß an Flexibilität hinsichtlich des Personaleinsatzes auszeichnet. Die im Unternehmen vorhandenen Kapazitäten werden effizient ausgelastet und bedingen niedrige Umstellkosten bei der Bildung und Auflösung des Projektteams. Nachteilig wirkt sich hingegen der Umstand aus, dass sich durch die kaum vorhandenen Kompetenzen nur ein unzureichendes Projektverantwortungsgefühl etabliert und somit die Identifikation mit dem Projekt und die allgemeine Motivation gefährdet werden. Weiterhin ist die Reaktionsgeschwindigkeit bei auftretenden Störungen verhältnismäßig gering, da die Entscheidungsgewalten bei den Linieninstanzen liegen. Die Stabs-Projektorganisation eignet sich daher vorrangig für kleinere Projekte, die eine niedrige Priorität aufweisen, geringe Konzentration auf das Projektziel erfordern und die den Rahmen der regulären Aufgaben der Linie nur unwesentlich übersteigen.[9]

2.4.2 Matrix-Projektorganisation

Im Rahmen der Matrix-Projektorganisation verbleiben die Projektmitarbeiter in ihren jeweiligen Fachbereichen und werden nach Bedarf in einzelne Projekte

---

[8] Zur Strukturierung der drei Grundtypen Stabs-Projektorganisation, Matrix-Projektorganisation und reine Projektorganisation siehe Anlage 1: Projektorganisationsmodelle.
[9] Zur vorliegenden Darstellung der *Stabs-Projektorganisation* vgl. Bea et al. 2008: 62 f.; Bergmann, Garrecht 2008: 66-68; Burghardt 2008: 99; Corsten et al. 2008: 51-53; Kerzner 2008: 109 f.; Kraus, Westermann 2010: 43 f.; Litke 2007: 70-72; Loffing, Budnik 2005: 28-30; Zimmermann et al. 2006: 31.

eingebunden. Hierbei erfolgt die Projektbearbeitung durch die Fachbereiche der Linie entsprechend ihrer Funktionen, wobei die fachliche Projektbearbeitung einen Dienstleistungscharakter aufweist. Der Projektleiter agiert in diesem Kontext als Koordinator und Verantwortlicher für die Planung und Steuerung des Projektes. Die Matrix-Projektorganisation sieht hierbei ein aufgabengebundenes Weisungsrecht des Leiters der Fachabteilungen sowie ein projektgebundenes Weisungsrecht des Projektleiters vor. Da der Projektmitarbeiter während der Projektbearbeitung sowohl der Linienautorität durch den Fachbereichsleiter als auch der Projektautorität durch den Projektleiter untersteht, wohnt dieser Organisationsform ein gewisses Konfliktpotential inne. Insofern ist der Vermeidung von autoritätsbedingten Konfliktsituationen zwischen Fachbereichsleitern und dem Projektleiter besondere Beachtung zu widmen und für die Wahrung der unterschiedlichen Interessen von Linie und Projekt Sorge zu tragen. Neben dem inhärenten Konfliktpotential sind auch der hohe Koordinationsaufwand sowie die gesteigerten Anforderungen an die grundsätzliche Kommunikations- und Informationsbereitschaft aller Beteiligten als nachteilig anzusehen. Dem steht allerdings eine gute Beeinflussbarkeit der Zieldimensionen des Projektes, die hohe Flexibilität und die Möglichkeit einer zielgerichteten Koordination unterschiedlicher Interessen als Vorteile gegenüber. Weiterhin führt diese Art der Organisation zu einem durchgängigen Verantwortlichkeitsgefühl des Projektleiters und seines Stabes für das Projekt. Die Matrix-Projektorganisation wird in erster Linie für mittlere bis große Projekte verwendet, die interdisziplinäre Problemstellungen aufweisen.[10]

2.4.3 Reine Projektorganisation

Die reine Projektorganisation sieht eine vollständige Einbindung der Projektmitarbeiter in eine praktisch eigenständige Organisation zur Bearbeitung eines Projektes vor. Diese Organisation wird eigenverantwortlich durch den Projektleiter geführt, welcher somit über die alleinigen Weisungsbefugnisse und Kompetenzen verfügt. Der Unterschied zur Linienorganisation besteht hierbei in der zeitlichen Befristung der Zusammenstellung des Projektteams. Mittels der reinen Projektorganisation ist die stärkste Form der Problemfokussierung möglich und gewährleistet die volle Konzentration sämtlicher Mitglieder des Projektteams auf das Erreichen der Projektziele. Dies führt weiterhin zu einer starken Identifikation aller Beteiligten mit dem Projekt, ein deutlich reduziertes Konfliktpotential sowie zu der Möglichkeit, rasch und wirksam auf auftretende Schwierigkeiten reagieren zu

---

[10] Zur vorliegenden Darstellung der *Matrix-Projektorganisation* vgl. Bea et al. 2008: 64 f.; Bergmann, Garrecht 2008: 70-73; Burghardt 2008: 99 f.; Corsten et al. 2008: 53-57; Kerzner 2008: 112-122; Kraus, Westermann 2010: 40-42; Litke 2007: 72-75; Loffing, Budnik 2005: 31-33; Zimmermann et al. 2006: 31 f.

können. Als nachteilig muss die relativ schlechte Auslastung vorhandener Kapazitäten angesehen werden. Auch die hohen Umstellungskosten durch die Rekrutierung der Projektmitglieder aus der Linie sowie mögliche Probleme bei der Wiedereingliederung der Mitglieder nach Beendigung des Projektes sind nachteilige Aspekte dieser Organisationsform. Aufgrund des hohen Aufwandes der reinen Projektorganisation, wird diese primär für große, wichtige und terminkritische Projekte verwendet.[11]

2.4.4 Eignung der Organisationsmodelle für den Anlagenbau

Unternehmen, die im Geschäft des Anlagenbaus tätig sind, wickeln in der Regel mittlere bis große Projekte ab. Darüber hinaus sind mehrere Projekte gleichzeitig in Bearbeitung, was eine Organisation voraussetzt, die eine systematische Beeinflussung der Zieldimensionen und ein rasches Reagieren auf Schwierigkeiten zulässt. Somit ist die Stabs-Projektorganisation für den Anlagenbau eher ungeeignet. Durch den Bedarf an Fachpersonal in parallel abzuwickelnden Projekten bietet sich die Anwendung der reinen Projektorganisation ebenfalls nur bedingt an, da hierbei die benötigten Fachkräfte fest in ein Projekt eingebunden werden (vgl. Burghardt 2008: 102-104). Für den Anlagenbau eignet sich daher in erster Linie eine schwache Matrix-Projektorganisation, welche dem Projektleiter erlaubt, bei der Bearbeitung sehr komplexer und übergreifender Fragestellungen auf das fachliche Wissen seiner Projektmitarbeiter zurückzugreifen. Dabei übt der Projektleiter vorrangig koordinatorische Tätigkeiten aus. Trotz des inhärenten Konfliktpotentials stellt die Matrix-Projektorganisation im Anlagenbau die wirkungsvollste, wirtschaftlichste und hinsichtlich der begrenzten Kapazitäten die einzige realisierbare Lösung dar. Insbesondere für die Abwicklung von Großprojekten ist das fachliche Wissen einzelner Fachbereiche unverzichtbar, welches durch die Anwendung der Matrix-Projektorganisation in der Linie erhalten und stetig weiterentwickelt wird (vgl. Kuster et al. 2008: 107; Litke 2007: 74 f.; Pfetzing, Rohde 2009: 67).

Grundsätzlich lässt sich feststellen, dass die Organisationsform lediglich den erforderlichen Rahmen für eine erfolgreiche Projektabwicklung bereitstellt und diese nicht direkt bedingt. Von wesentlicher Bedeutung sind für den Projekterfolg weiterhin eine funktionsfähige interdisziplinäre Kooperation interner und externer Beteiligungen und eine entsprechende Kompetenzausstattung des Projektleiters (vgl. Litke 2007: 77).

---

[11] Zur vorliegenden Darstellung der *reinen Projektorganisation* vgl. Bea et al. 2008: 65-67; Bergmann, Garrecht 2008: 73 f.; Burghardt 2008: 98; Corsten et al. 2008: 59-63; Kerzner 2008: 110-112; Kraus, Westermann 2010: 39; Litke 2007: 69 f.; Loffing, Budnik 2005: 26-28; Zimmermann et al. 2006: 30.

2.5 Projektablauforganisation

Ein Projekt durchläuft im Rahmen seiner gesamten Abwicklungsdauer unterschiedliche Phasen. Dabei haben sich in der Fachliteratur im Hinblick auf die Phasenunterteilungen viele unterschiedliche Varianten herausgebildet (vgl. Zimmermann et al. 2005: 4).[12] Im Folgenden soll eine den Erfordernissen von Anlagenbauprojekten angemessene Einteilung in die vier Phasen *Projektinitiierung und Start*, *Projektplanung*, *Projektrealisierung* sowie dem *Projektabschluss* Anwendung finden (siehe Abb. 2.2).[13]

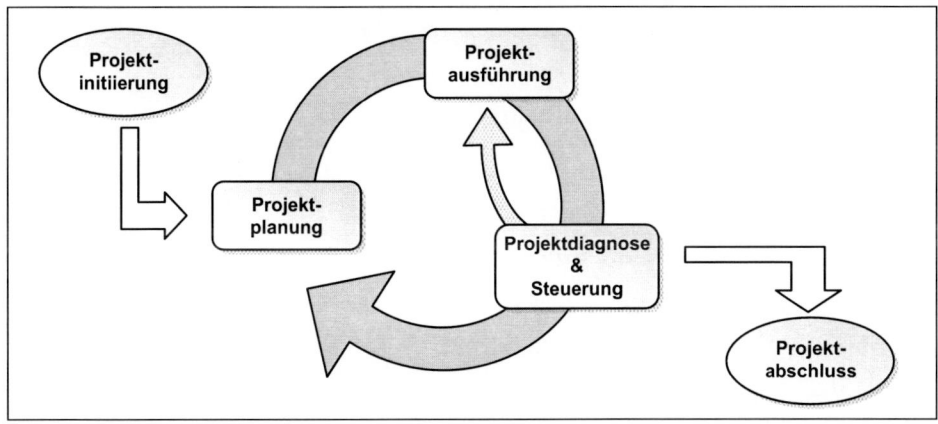

Abb. 2.3: Zusammenhang der einzelnen Projektphasen (in Anlehnung an Pfetzing, Rohde 2009: 42)

2.5.1 Projektinitiierung und Start

Im Rahmen des Anlagenbaus umfasst die Phase der Projektinitiierung und des Projektstarts im Wesentlichen die Zeitspanne zwischen dem ersten Kontakt mit dem potentiellen Kunden und der Entscheidung über Bearbeitung oder Nichtbearbeitung des Projektes. Hierbei kann die erste Kontaktaufnahme aus Sicht des projektbearbeitenden Unternehmens passiver oder aktiver Natur sein, indem beispielsweise direkte Kundenanfragen oder Ausschreibungen erfolgen oder der eigene Vertrieb den Kundenkontakt herstellt. Im Fall einer passiven Kontaktaufnahme findet hierbei in der Regel eine Projektbeurteilung durch die Geschäftsführung statt, die darüber zu entscheiden hat, ob eine Projektbearbeitung erfolgen soll. Gründe für eine Projektannahme sind hierbei in erster Linie wirtschaftlicher Natur, aber auch die Annahme von weniger wirtschaftlichen Aufträgen kann aus strategischer Sicht erfolgen (vgl. Kuster et al. 2008: 86 f.). So können neben der reinen Gewinnerzielung auch Annahmegründe wie die Erschließung neuer Märkte, die Gewinnung bedeutender Neukunden, die Aussicht auf rentable Kun-

---

[12] Zur unterschiedlichen *Phaseneinteilung und -definition* vgl. auch Kuster et al. 2008: 37 ff.; Litke 2007: 26 ff.; Pfetzing, Rohde 2009: 30 ff.
[13] Die *Einteilung der Projektphasen* wird hierbei in Anlehnung an den PMBOK Guide (PMI 2009) vorgenommen.

dendienstaufträge oder die reine Personalauslastung in schwierigen Zeiten herangezogen werden. Kommt der Kundenkontakt durch Aktivitäten des eigenen Vertriebes zustande, muss die Entscheidung hinsichtlich der Projektbearbeitung ebenfalls durch die Geschäftsführung getroffen werden. Jedoch ist in diesem Fall zu erwarten, dass der Entscheidungsaufwand reduziert wird, da eigene Vertriebsbemühungen bereits ex ante im wirtschaftlichen und strategischen Interesse des eigenen Unternehmens ausgerichtet werden. Von besonderer Signifikanz ist jedoch in beiden Fällen, dass der durch den Kunden erteilte Projektauftrag die erwarteten Leistungen detailliert spezifiziert und somit als Basis für die Projektplanung dienen kann (vgl. Kuster et al. 2008: 307-310; Pfetzing, Rohde 2009: 135 ff.).

Die Entscheidung über Annahme oder Nichtannahme des Projektes bedarf schon zu einem sehr frühen Zeitpunkt neben Informationen über den potentiellen Kunden, die geforderten Produktspezifikationen und sämtliche Rahmenbedingungen der Auftragsabwicklung auch Kapazitätsaufwands- und Kosteneinschätzungen (vgl. Kraus, Westermann 2010: 47-49). Diese können zu diesem Zeitpunkt lediglich einen qualifizierten Schätzungscharakter aufweisen und beruhen dabei im Wesentlichen auf Auftragsabwicklungen und Erfahrungen vergangener Projekte (vgl. Pfetzing, Rohde 2009: 143).

2.5.2 Projektplanung

Da die Projektplanung und der Projekterfolg in direktem Zusammenhang stehen und eine fundierte und ganzheitliche Planung der Grundstein einer erfolgreichen Projektdiagnose und -steuerung ist, soll im Rahmen der Phasenbetrachtung der Fokus auf sie gelegt werden. Als Projektplanung soll hierbei die Ordnung, Vorbereitung und gedankliche Antizipation zukünftiger Aktivitäten zur sicheren Erreichung der Projektziele verstanden werden (vgl. Schwarze 2010: 12). Das Ziel der Projektplanung stellt die Ermittlung realistischer und erreichbarer Sollvorgaben in Bezug auf die zu realisierende Arbeitsleistung und ihre Termine sowie die dazu notwendigen Ressourcen, die zu erwartenden Kosten und den grundsätzlichen Projektablauf im Kontext der gegebenen Rahmenbedingungen dar (vgl. Litke 2007: 83). Weiterhin bildet eine ganzheitliche Planung das Fundament für die zielgerichtete Steuerung des Projektes, da ohne sie keine Soll-Ist-Vergleiche zu Analyse- und Diagnosezwecken herangezogen werden können (vgl. Burghardt 2008: 356). Im Rahmen der vorliegenden Arbeit sollen im Weiteren die für den Anlagenbau maßgeblichen Planungsaspekte *Strukturierung des Projektes, Terminplanung, Kapazitätsplanung, Kostenplanung* sowie *zusätzliche Planungsaspekte* Berücksichtigung finden.

2.5.2.1 Strukturierung des Projektes

Um komplexe Projekte überschau- und handhabbar zu machen, bietet es sich an, eine Zerlegung in einzelne Projektteile vorzunehmen, ohne dass die Beziehung zwischen diesen verlorengeht. Hierdurch wird die Transparenz gefördert, Teilprojekte können an verantwortliche Stellen zwecks Detailplanung und Realisierung vergeben werden und Schnittstellen zwischen den Projektteilen werden definiert. Bei komplexen und schwer überschaubaren Projekten ist hierbei ein induktives, bei weniger komplexen Projekten ein deduktives Vorgehen zu wählen (vgl. Bendisch, Kern 2006: 36 f.; Litke 2007: 90). Die Zerlegung eines Großprojektes führt zu der Aufstellung eines hierarchischen *Projektstrukturplanes*, deren einzelne Arbeitspakete geschlossen und samt Budgetverantwortung an die entsprechenden Organisationseinheiten delegiert werden können (vgl. Kuster et al. 2008: 119 f.; Burghardt 2008: 160; Kerzner 2008: 402-408; Schwarze 2010: 80 f.).[14] Im Anlagenbau sind hierbei häufig Arbeitspakete für die Fachbereiche Konstruktion, Stahlbau, Maschinenbau oder Elektrotechnik zu finden. Auch wenn die einzelnen Arbeitspakete dieser Bereiche möglichst gegeneinander abzugrenzen sind, lassen sich Schnittstellen und bereichsübergreifende Zusammenarbeit nicht vermeiden (vgl. Litke 2007: 91). Hier besteht die Aufgabe des Projektleiters darin, kooperative Arbeiten zu koordinieren und ggf. aktiv zu steuern. Das Zerlegen von Projekten in Projektstrukturpläne bietet weiterhin eine bessere Kontrolle und somit Steuerung einzelner Arbeitspakete und stellt darüber hinaus die Grundlage für die Erstellung eines *Projektablaufplanes* dar (vgl. Burghardt 2007: 131 f.; Körner 2008: 182-184). Dieser wird häufig mithilfe der Netzplantechnik visualisiert und bietet einen Überblick über die Tätigkeitenfolgen und -abhängigkeiten (vgl. Litke 2007: 98). Damit stellt er ein unterstützendes Hilfsmittel für die gesamte Termin- und Kapazitätsplanung dar.[15]

2.5.2.2 Terminplanung

Im Rahmen dieser Planung ist der gesamte Projektablauf zu terminieren, also die Zeitdauer zu ermitteln, die jedes Element des Planungsablaufes in Anspruch nimmt. Demnach sind Anfangs- und Endtermine einzelner Arbeitspakete sowie Meilensteine für wesentliche Projektergebnisse des Gesamtprojektes zu bestimmen (vgl. Fiedler 2010: 106 f.). Im Anlagenbau ist die Terminplanung von besonderer Bedeutung, da mit Terminüberschreitungen in der Regel Konventionalstrafen durch den Kunden einhergehen, welche die Wirtschaftlichkeit eines gesam-

---

[14] Siehe hierzu auch Anlage 2: Objektorientierter Projektstrukturplan.
[15] Zur Thematik der *Netzplantechnik* siehe weiterführend auch Corsten et al. 2008: 120-244; Schwarze 2010: 53-130.

ten Projektes stark reduzieren oder sogar zu Verlustaufträgen führen können. Daher ist die Terminplanung mit angemessener Genauigkeit durchzuführen, um kritische Vorgänge zu identifizieren und antizipieren zu können (vgl. Litke 2007: 101). Im Anlagenbau führt die regelmäßige Abwicklung von Projekten dazu, dass Erfahrungen aus früheren Projekten für die Terminplanung zugrunde gelegt werden können. Weiterhin ist auf die Berücksichtigung von Terminvorstellungen bzw. -wünschen zu verzichten und stattdessen eine realistische Zeiteinschätzung vorzunehmen, die keine Sicherheitszuschläge enthält (vgl. Litke 2007: 102). In der Praxis finden als Terminplanungstechnik vornehmlich einfache Auflistungen von Terminen, die Visualisierung mittels Balkendiagrammen und die Terminplanung anhand von Netzplänen Anwendung.[16] Letztere bieten den Vorteil, dass sie sich mit einem zuvor erstellten Projektablaufplan kombinieren lassen (vgl. Burghardt 2007: 134).

2.5.2.3 Kapazitätsplanung

Zur Vermeidung von Termin- und Kostendrücken, die aus personellen, maschinellen oder materiellen Engpässen resultieren und somit das Projekt belasten, ist im Vorfeld eine geeignete Kapazitätsplanung zu erstellen (vgl. Burghardt 2007: 135 f.; Kerzner 2008: 853 f.; Schwarze 2010: 222). In der Praxis des Anlagenbaus werden in der Regel mehrere Projekte zur gleichen Zeit bearbeitet, die dabei auf den gleichen Ressourcenpool zurückgreifen. Ohne eine entsprechende Planung sind kapazitive Engpässe oder zumindest eine suboptimale Auslastung der Einsatzmittel hierbei kaum zu vermeiden. Daher besteht die Notwendigkeit einer Analyse des Kapazitätenbedarfs in Sachen Qualität, Quantität und des Bedarfszeitraums (vgl. Fiedler 2010: 126 f.). Sind Abweichungen zwischen den benötigten und den verfügbaren Ressourcen vorhanden, muss entweder der Ressourcenbestand angepasst oder der Projektverlauf modifiziert werden, um spätere Engpasssituationen zu antizipieren (vgl. Litke 2007: 107). Die Kapazitätsplanung sollte dabei mit der Definition der benötigten Kapazitätsarten beginnen, woraufhin im zweiten Schritt die entsprechende Quantifizierung folgt. Im Anschluss sind alle Kapazitätsanforderungen hochzurechnen und mit dem Gesamtbedarf zu vergleichen. Bei Abweichungen zwischen Bedarf und Bestand ist ein Kapazitätsausgleich vorzunehmen, um einen annehmbaren Kompromiss zwischen Soll- und Istkapazität zu erzielen (vgl. Burghardt 2007: 140-142; Fiedler 2010: 131). Die wesentlichste Maßnahme ist hierbei das Glätten von Kapazitätsspitzen, welches durch die Verschiebung bzw. Dehnung von unkritischen Aktivi-

---

[16] Zu den einzelnen *Terminplanungstechniken* siehe auch Fiedler 2010: 106-125; Litke 2007: 102-106; siehe hierzu auch Anlage 3: Balkendiagramm und Netzplan.

täten, die Neueinstellung von Personal und die Auftragsvergabe an Fremdfirmen erzielt wird (vgl. Kuster et al. 2008: 131; Litke 2007: 108). Grundsätzlich lässt sich festhalten, dass die Termin- und Kapazitätsplanung nicht voneinander losgelöst betrachtet werden kann, sondern als iterativer Prozess angesehen werden muss (vgl. Litke 2007: 109).

2.5.2.4 Kostenplanung

Die Kostenplanung umfasst die Ermittlung aller Kosten, welche direkt mit der Bearbeitung des Projektes in Zusammenhang stehen. Primär lassen sich diese Kosten einerseits in die anfallenden Personalkosten gliedern, welche aus der geplanten Einsatzdauer und den zugrunde gelegten Stundensätzen resultieren. Andererseits werden die Projektkosten durch von außen bezogene Sachmittel und Dienstleistungen definiert, welche im ersten Schritt in Form von qualifizierten Schätzungen in die Planung einfließen und im späteren Verlauf durch konkrete Vertragswerte ersetzt werden (vgl. Fiedler 2010: 133-142; Kerzner 2008: 523 f.). Neben der Verwendung als Grundlage für die Preisgestaltung der Auftragsbearbeitung gegenüber dem Kunden, dient die Kostenplanung weiterhin auch als Hilfsmittel zur Überwachung und Steuerung des Projektes (vgl. Kuster et al. 2008: 133; Litke 2007: 126 f.). Nur durch eine umfassende Kostenplanung lässt sich im Projektverlauf ein fundierter Soll-Ist-Vergleich durchführen, aus welchem entsprechende Maßnahmen abgeleitet werden können. Zur Durchführung der Kostenplanung werden hierbei zunächst Kostenpakete strukturiert, welche beispielsweise aus einem zuvor erstellten Projektstrukturplan abgeleitet werden können. Von den Verantwortlichen der jeweiligen Arbeitspakete sind im folgenden Mengensätze für Eigen- und Fremdleistungen zu bestimmen, welche im Rahmen der Angebotskalkulation als Grundlage für die Festlegung des Angebotspreises Verwendung finden. Mit der vertraglichen Fixierung des Verkaufspreises und der Budgetzuteilung an die einzelnen Arbeitspakete schließt die Kostenplanung. Das festgelegte Budget ist daraufhin nur noch zu verändern, wenn eine Änderung des Leistungsumfanges erfolgt, eine erneute Kosteneinschätzung realistischere Erkenntnisse liefert oder Plankosten für bestimmte Leistungen mit feststehender Sicherheit nicht ausreichen (vgl. Litke 2007: 127). Aus Gründen der vorliegenden Planungsunsicherheiten wird in der Praxis in der Regel ein generelles Änderungsbudget in der Kostenplanung vorgesehen, welches dazu dient, unvorhergesehene Einflüsse auf die Projektkosten bis zu einem gewissen Grad aufzufangen und somit die Wirtschaftlichkeit des Auftrages nicht zu gefährden (vgl. Litke 2007: 129).

2.5.2.5 Zusätzliche Planungsaspekte

Neben den vorhergehend genannten Planungsaspekten umfasst ein ganzheitliches Projektmanagement im Anlagenbau weitere Aspekte, die es im Projektablauf planerisch zu berücksichtigen gilt. So sind in der Praxis häufig Auflagen hinsichtlich der zu erbringenden Leistung zu finden, welche die explizite Integration eines prozess- und produktorientierten Qualitätsmanagements erfordern (vgl. Burghardt 2007: 208 f.). Da sich die Abwesenheit von Qualität langfristig in Form von Unternehmensverlusten bemerkbar macht, die Qualitätsziele jedoch in der Regel mit den Termin- und Wirtschaftlichkeitszielen konkurrieren, ist es eine zentrale Aufgabe des Projektleiters, bereits im Vorfeld sämtliche Qualitätsaspekte einzuplanen (vgl. Kuster et al. 2008: 150 f.; Linß 2005: 2 f.; Litke 2007: 144).[17]

Neben der Notwendigkeit eines gezielten Einsatzes von Qualitätsmanagementstandards, weisen komplexe Anlagenbauprojekte zusätzlich eine Vielzahl unbekannter Faktoren auf. Diese müssen durch die Projektleitung mittels einer geeigneten Risikoanalyse in der Projektplanung vorgesehen werden.[18] Das frühzeitige Erkennen potentieller Risiken schützt vor unangenehmen Überraschungen und bietet zudem die Möglichkeit, im Rahmen der Projektsteuerung eine gezielte Risikoüberwachung durchzuführen (vgl. Kuster et al. 2008: 167). Gleichermaßen sind mögliche Chancen bereits im Vorfeld zu erkennen und zu fokussieren, da diese teils wesentlich zu einer Verbesserung des Projektergebnisses beitragen können (vgl. Litke 2007: 148).

Neben den zuvor genannten Aspekten bedürfen im Rahmen eines ganzheitlichen Projektmanagements eine Vielzahl weiterer Faktoren wie beispielsweise ein in- und externes Informationsmanagement oder die Rahmenbedingungen, unter denen ein Projekt abgewickelt wird, besonderer Beachtung. So kann zum Beispiel bei international abzuwickelnden Aufträgen ein Nichtbeachten der steuerlichen Gegebenheiten in fremden Ländern einen stark negativen Einfluss auf die Projektwirtschaftlichkeit ausüben.

2.5.3 Projektrealisierung

Die Projektrealisierung stellt die systematische Erarbeitung der gewünschten Projektergebnisse dar (vgl. Bea et al. 2008: 249; Kuster et al. 2008: 65). Im Anlagenbau sind dies in der Regel die Konzeption und Entwicklung, Fertigung, Lieferung, Montage, Abnahme, Inbetriebnahme und Übergabe der im Kundenauftrag zu realisierenden Anlage. Dabei liegt das Augenmerk des Projektleiters insbe-

---

[17] Zur Thematik der Qualitätsplanung, -lenkung und -prüfung siehe weiterführend auch Linß 2005: 128-392.
[18] Zur Thematik der *Risikoidentifikation* siehe weiterführend auch Gleißner 2008: 46 ff.

sondere auf der Diagnose und Steuerung des Projektverlaufes, also dem stetigen Hinterfragen und Aktualisieren der ursprünglichen Planung, der Durchführung von Soll-Ist-Vergleichen und dem Einleiten von Maßnahmen bei wesentlichen Planabweichungen. Die Phase der Projektrealisierung endet letztlich mit der erfolgreichen Übergabe der Anlage an den Kunden.[19]

2.5.4 Projektabschluss

Die Vielzahl von zu bearbeitenden Projekten in Anlagenbauunternehmen und der meist fließende Übergang von einem Projekt in ein anderes, führen häufig zu einer unangemessenen Beendigung von Projektbearbeitungen. Anstatt die gesammelten Erfahrungen in einer offenen Projektrückschau kritisch zu würdigen, ist in der Praxis häufig der Fall vorzufinden, dass Projekte ohne entsprechenden Abschluss auslaufen, misslungene Projekte schnell übergangen werden oder es versäumt wird, erfolgreiche Projekte angemessen zu würdigen (vgl. Kraus, Westermann 2010: 62; Kuster et al. 2008: 217 f.). Somit wird regelmäßig die Chance vertan, aus gemachten Erfahrungen zu lernen und diese für spätere Projektbearbeitungen aufzubereiten und zu archivieren. Die Implementierung einer konstruktiven Fehlerkultur, in der nicht die Schuldfrage, sondern eine objektive und nachvollziehbare Analyse der Schwachstellen und Fehler im Vordergrund steht, bietet Anlagenbauunternehmen die Möglichkeit einer nachhaltigen Verbesserung der Auftragsabwicklung (vgl. Körner 2008: 240-242). Um dieses Potential nutzbar zu machen, sind im Rahmen von Projektabschlüssen offene Abschlussbesprechungen durchzuführen und aussagekräftige Abschlussberichte anzufertigen. Weiterhin sollte die Verfügbarkeit dieser Informationen als Hilfestellung und Erfahrungsdatenbank für zukünftige Projektabwicklungen sichergestellt werden (vgl. Burghardt 2007: 146 und 267-275; Fiedler 2010: 200-202; Pfetzing, Rohde 2009: 429-436).

2.6 Multiprojektmanagement

Anlagenbauunternehmen zeichnen sich in der Regel durch stetige parallele Projektbearbeitung aus. Je nach Auftragsgrößen variiert die Anzahl der gleichzeitig zu bearbeitenden Projekte, davon unberührt bleibt jedoch der Zugriff auf die gleichen, begrenzten Ressourcen und die damit verbundenen potentiellen Kapazitätsprobleme. Dies begründet die Notwendigkeit eines *Multiprojektmanagements*, also eines zentralen Steuerungsmechanismus, welcher die Verteilung der vor-

---

[19] Da die Methodik der *Diagnose und Steuerung* in Kapitel 3 vertieft wird, soll an dieser Stelle auf weitere Ausführungen zur Projektrealisierung verzichtet werden.

handenen Ressourcen zwischen einzelnen Projekten plant, koordiniert und die Auswahl neuer zu bearbeitender Projekte unterstützt (vgl. Litke 2007: 80; Müller 2008: 187). Da aufgrund von wesentlichem Einarbeitungs- und Integrationsaufwand sowie arbeitsrechtlichen Gegebenheiten die Bereitstellung von Ressourcen aus operativer Sicht sowohl in zeitlicher als auch in quantitativer Hinsicht begrenzt wird, ist ein bewusster Einsatz der bereits vorhandenen Kapazitäten maßgeblich. Aus strategischer Sicht sind hingegen mittel- bis langfristige Engpässe zu identifizieren und eine entsprechende Anpassung der Ressourcenaufbauplanung vorzunehmen (vgl. Müller 2008: 192-196).

Grundsätzlich ist festzustellen, dass ein funktionierendes Multiprojektmanagement zwingend sowohl die operative als auch die strategische Ebene einbeziehen muss, um Abstimmungen zwischen den Projekten vorzunehmen und um gemäß der strategischen Ausrichtung die geeigneten Projekte zu initiieren. Das Multiprojektmanagement muss daher von einer dauerhaft installierten Organisationseinheit betrieben und weiterentwickelt werden, welche beide Ebenen miteinander verbindet und die Verzahnungen zwischen einzelnen Projekten analytisch würdigt (vgl. Pfetzing, Rohde 2009: 72). Ein Priorisierungsverfahren für potentielle Projekte ist hierbei aus der Geschäftsstrategie bzw. den Vorgaben der Geschäftsführung und dem aktuellen Projektbearbeitungsstand der operativen Bereiche abzuleiten (vgl. Müller 2008: 192 f.; Pfetzing, Rohde 2009: 87). Grundsätzlich sind bei der Priorisierung von Aufträgen quantitative Aspekte zu berücksichtigen, die mittels Wirtschaftlichkeitsanalysen mess- und vergleichbar gemacht werden können. Aber auch qualitative Aspekte, wie die Möglichkeit der Gewinnung neuer Großkunden trotz vergleichbar niedriger Wirtschaftlichkeit, sind in die Entscheidung einzubeziehen. Qualitative Faktoren können dabei beispielsweise mittels Nutzwertanalysen ebenfalls messbar gemacht und dadurch direkt mit quantitativen Erkenntnissen verknüpft werden (vgl. Burghardt 2007: 45-53; Schwarze 2010: 64-68). Letztendlich hat ein wirksames Multiprojektmanagement dafür Sorge zu tragen, das vorhandene Projektportfolio zu analysieren, zu strukturieren und unter Berücksichtigung strategischer und operativer Gegebenheiten zu optimieren (vgl. Pfetzing, Rohde 2009: 131).

3 Diagnose und Steuerung von Anlagenbauprojekten

3.1 Notwendigkeit und Grundprinzip

Anlagenbauprojekte sind für die ausführenden Unternehmen in der Regel mit nicht unerheblichen Risiken behaftet. Fehlgeschlagene Projekte haben dabei nicht nur einen negativen Einfluss auf die finanzielle Situation des Unternehmens, sondern bedingen auch unzufriedene Kunden, Imageschäden und unternehmensinterne Konfliktsituationen. Zur Gewährleistung einer planmäßigen Auftragsabwicklung und Antizipierung potentieller Problemsituationen ist eine diagnostische Projektsteuerung unumgänglich (vgl. Burghardt 2008: 169). Diese schützt nicht zwangsläufig vor sämtlichen Negativentwicklungen, erhöht die Wahrscheinlichkeit eines Projekterfolges jedoch deutlich (vgl. Demleitner 2009: 34 f.). Die Projektüberwachung durchläuft hierbei über die gesamte Abwicklungsdauer regelmäßig wiederholend die Phasen der *Ist-Datenerfassung*, *Diagnose und Ursachenanalyse*, *Initiierung von Maßnahmen* und der *Maßnahmenverfolgung* (vgl. Fiedler 2010: 168 f.). Hierzu ist ein funktionierendes und ganzheitliches Informationssystem unerlässlich (siehe Abb. 3.1).

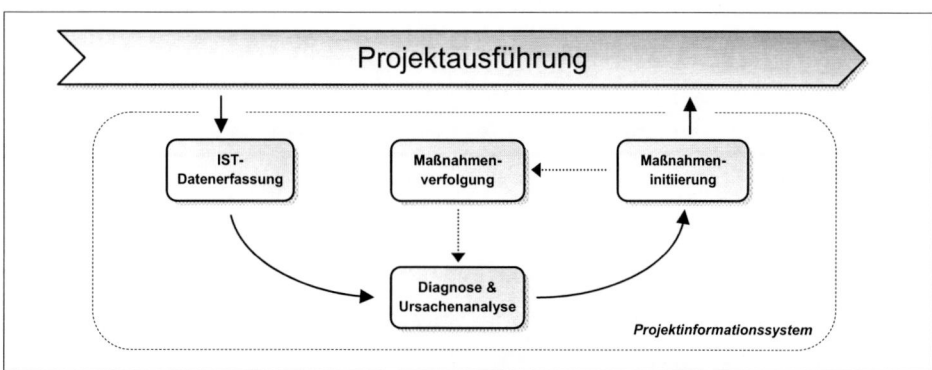

Abb. 3.1: Ablauf der Projektdiagnose und -steuerung (in Anlehnung an Pfetzing, Rohde 2009: 284)

Im Rahmen der Projektdiagnose und -steuerung gilt das primäre Interesse dem Überwachen der Leistungs-, Termin- und Kostenziele, jedoch erfordert ein ganzheitliches Projektmanagement ebenfalls die Einbeziehungen von Qualitätsaspekten, Fragen der Kapazitätsverfügbarkeit und einem ausgeprägten Chancen- und Risikomanagement (Bea et al. 2008: 279 f.; Pfetzing, Rohde 2009: 285). Beim wiederholten Durchlaufen des Überwachungs- und Steuerungsregelkreises ist dabei insbesondere darauf zu achten, dass eingeleitete Maßnahmen ihrerseits wiederum Einfluss auf unterschiedliche Aspekte des Projektes ausüben können. Somit ist von einer isolierten Betrachtung abgegrenzter Projektinhalte abzusehen und stattdessen eine ganzheitliche Sichtweise auf das Projekt zu wählen, welche

Zusammenhänge und Abhängigkeiten zwischen einzelnen Projektaspekten aufzeigt (vgl. Pfetzing, Rohde 2009: 286).

3.2 Projektinformationsmanagement

Anlagenbauprojekte weisen aufgrund ihrer Komplexität regelmäßig einen großen Kreis von Stakeholdergruppen auf. Daher wird der Projekterfolg nicht unwesentlich dadurch bestimmt, dass

- den *richtigen* Personen
- die *richtigen* Informationen
- zum *richtigen* Zeitpunkt und in den *richtigen* Abständen
- in der *richtigen* Qualität und dem *richtigen* Umfang
- mithilfe des *richtigen* Mediums

zur Verfügung gestellt werden. Dabei ist das Projektinformationsmanagement bereits im Vorfeld zielorientiert zu planen und zu gestalten. Die hiermit verfolgten *Ziele* sind im Wesentlichen (Bea et al. 2008: 251 f.):

- Förderung und Unterstützung der Zusammenarbeit aller Beteiligten durch die Bereitstellung und Verteilung der projektrelevanten Informationen
- Frühzeitiges Erkennen von und Reagieren auf Veränderungen im Projektumfeld und hieraus resultierenden Problemen
- Zeitnahe Bereitstellung entscheidungsrelevanter Informationen zur Sicherstellung der Steuerungsfähigkeit des Projektes
- Sicherung von erarbeitetem Know-How zur weiteren Verwendung in nachfolgenden Projekten

Zur Erreichung dieser Ziele müssen alle relevanten Informationen *regelmäßig*, *pünktlich*, *verständlich*, *aktuell*, *vollständig* und *wahr* zur Verfügung stehen (vgl. Rinza 1998: 104). Insbesondere ist hierzu notwendig, dass sämtliche Projektmitglieder die essentielle Signifikanz eines funktionierenden Projektinformationssystems für den Projekterfolg verinnerlichen und entsprechend qualitativ hochwertige Informationen beisteuern (vgl. Bea et al. 2008: 252). Weiterhin ist der optimale Grad der Informationsversorgung zu bestimmen, da sich sowohl Unter- als auch Überversorgungen kontraproduktiv auswirken. Grundsätzlich lässt sich hierbei eine umso höhere Aggregation der Informationen feststellen, je höher die Hierarchiestufe des Adressaten ist (vgl. Schreckeneder 2005: 198).

Das Projektinformationsmanagement setzt sich aus verbaler und schriftlicher Kommunikation zusammen, wobei jede Form dem Austausch projektrelevanter

Informationen dient (siehe Abb. 3.2). Die *mündliche* Kommunikation - insbesondere die persönliche - ist ein Zusammenspiel aus Wort, Bild, non-verbaler Kommunikation und sozialem Kontakt und bietet weiterhin ein direktes Feedback, wodurch diese Kommunikationsmethode als effektivste Art der Zusammenarbeit anzusehen ist (vgl. Kuster et al. 2008: 166).

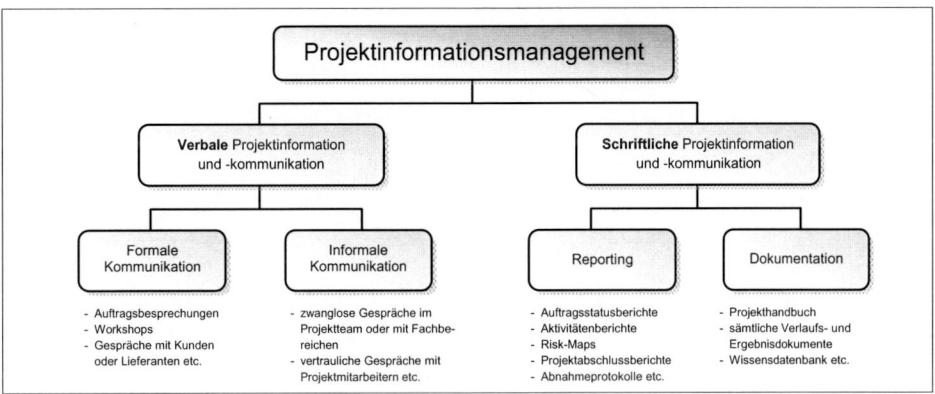

Abb. 3.2: Elemente des Projektinformationsmanagements (in Anlehnung an Patzak, Rattay 2008: 258 ff.)

Formale Kommunikation findet in diesem Kontext in erster Linie in Form von Sitzungen und Workshops statt, welche zeitaufwändig und somit teuer sind. Daher sollten diese im Vorfeld gezielt geplant werden, um einen effektiven Ablauf zu gewährleisten (vgl. Bea et al. 2008: 255; Kuster et al. 2008: 178). Daneben kann die informale Kommunikation dazu beitragen, anstehende oder existierende Probleme schneller aufzudecken bzw. zu lösen, da in einem inoffiziellen Rahmen die Bereitschaft zur Preisgabe von Informationen in der Regel ausgeprägter ist. Weiterhin ist diese Art der Kommunikation ein wesentlicher Faktor für die Teambildung, was langfristig dem Projekterfolg zugute kommt. Jedoch ist sicherzustellen, dass sich die informale Kommunikation nicht zur primären Kommunikationsform entwickelt, da dies die Effizienz des Projektes behindern kann (vgl. Bea et al. 2008: 256).

Die *schriftliche* Kommunikation umfasst sowohl die Berichterstattung gegenüber den diversen Stakeholdern als auch die Dokumentation sämtlicher Verlaufs- und Ergebnisdokumente sowie die Pflege einer Wissensdatenbank (vgl. Burghardt 2007: 142-146). Hierbei beinhaltet die Berichterstattung im Wesentlichen regelmäßige Projektstatusberichte, Besprechungsprotokolle, Risiko- und Chancenanalysen und Abschlussberichte (vgl. Fiedler 2010: 203-209).[20] Im Rahmen der Dokumentation werden sämtliche projektrelevanten Informationen letztendlich aufbereitet und für die berechtigten Personenkreise verfügbar gemacht. Mit einer wirksamen Dokumentation stehen im Projekt alle notwendigen Dokumente über-

---

[20] Siehe hierzu auch Anlage 4: Projektstatusbericht.

sichtlich zur Verfügung, die Revision und Nachvollziehbarkeit des Projektes wird gewährleistet und es werden grundlegende Erkenntnisse, Ergebnisse und Daten auch für weitere Projekte nutzbar gemacht (vgl. Bea et al. 2008: 256-262; Burghardt 2007: 231-241).

3.3 Diagnose des Projektstatus

Die Erreichung der Projektziele und der in der Planung zuvor definierten Vorgaben erfordert regelmäßige Diagnosen des aktuellen Projektstandes und die Ermittlung von Plan-Ist-Abweichungen (vgl. Bendisch, Kern 2006: 46-49). Im Kontext eines ganzheitlichen Projektmanagements sind dabei neben den primären Zieldimensionen *Leistung*, *Termine* und *Kosten* auch die *Kapazitätsverfügbarkeit* sowie die *Chancen- und Risikoentwicklungen* zu überwachen (vgl. Demleitner 2009: 178).[21]

3.3.1 Leistungskontrolle

Die Leistung eines Projektes bzw. eines Arbeitspaketes umfasst sowohl quantitative als auch qualitative Aspekte. Bei der Beurteilung der *quantitativ* erbrachten Leistung, also des *Leistungsfortschrittes*, wird in der Regel der Fortschrittsgrad in Prozent erhoben, wobei in der Praxis verschiedene Verfahren angewendet werden (vgl. Burghardt 2007: 199-202; Fiedler 2010: 175 f.; Patzak, Rattay 2008: 323 f.). Die einfachste, aber auch unsicherste Methode stellt die subjektive Leistungseinschätzung des verantwortlichen Mitarbeiters dar. Je nach Persönlichkeitsstruktur und Unternehmenskultur weisen Mitarbeiter eine Neigung zu einer zu hohen Einschätzung des Fortschrittes auf (vgl. Bea et al. 2008: 285 f.; Fiedler 2010: 177). Aus diesem Grund ist eine Leistungsermittlung anhand quantitativer Größen vorzuziehen:

$$Leistungsmäßiger\ Fortschrittsgrad\ in\ \% = \frac{Istmenge\ bzw.\ Istaufwand \cdot 100}{Gesamtmenge\ bzw.\ Gesamtaufwand} \quad (3.1)$$

Als Leistungsindikator können sich je nach Arbeitspaketinhalten unterschiedliche Größen eignen. So sind beispielsweise Größen wie Arbeitsstunden, Tonnen, Meter, Währungseinheiten o.Ä. anwendbar (vgl. Bea et al. 2008: 287). Im Projektverlauf muss jedoch die Möglichkeit berücksichtigt werden, dass eine Reduzierung des Fortschrittsgrades für den Fall einer Erhöhung der gesamt geplanten

---

[21] Neben harten, direkt messbaren Projektdaten sind im Rahmen der Projektdiagnose auch weiche, nicht direkt messbare Daten zu berücksichtigen. Im Folgenden soll primär auf anlagenbaurelevante Aspekte abgezielt werden.

Menge auftreten kann (vgl. Patzak, Rattay 2008: 323). Eine differenziertere Methode zur Leistungseinschätzung bietet die Meilensteinmethode, welche im Vorfeld die Planung von Meilensteinen innerhalb einzelner Arbeitspakete voraussetzt. Die Erreichung der Meilensteine kann hierbei als Grundlage für eine prozentuale Leistungseinschätzung herangezogen werden. Dabei ist zu bedenken, dass zwischen einzelnen Meilensteinen ein möglichst konstantes Leistungsvolumen vorliegen sollte, um den Aussagegehalt dieser Methode nicht zu verfälschen (vgl. Fiedler 2010: 174).

Unabhängig von der angewendeten Methodik zur Bestimmung einzelner Leistungsfortschritte, sollten diese anschließend visualisiert werden. Eine geeignete Form bilden hierfür Balkendiagramme, die einen gezielten Überblick über den Leistungsfortschritt und die entsprechenden Arbeitsinhalte erlauben. Die einzelnen Fortschrittsgrade sollten zusätzlich im Rahmen des Projektstrukturplanes Berücksichtigung finden und abschließend zu einem Fortschrittsgrad des Gesamtprojektes aggregiert werden (vgl. Bea et al. 2008: 283-285).

Die Beurteilung der *qualitativ* erbrachten Leistung bildet den zweiten Bereich der Leistungskontrolle. Der Begriff *„Qualität"* ist hierbei als Übereinstimmung der Projektergebnisse mit den jeweiligen Anforderungen der Stakeholder an diese zu verstehen ist (vgl. Bea et al. 2008: 335; Linß 2005: 1). Damit ist die Qualität sehr subjektiv geprägt, wobei der anzuwendende Maßstab letztlich vom Auftraggeber bzw. durch die im Projektauftrag vereinbarten Leistungen definiert wird. Im Kontext der Leistungskontrolle ist insbesondere der Aspekt der *Qualitätslenkung* von wesentlicher Bedeutung, da diese auf die erfolgreiche Umsetzung und Kontrolle der geplanten Qualität abzielt (vgl. Burghardt 2007: 210; Linß 2005: 186 f.). Zur Überprüfung der vorliegenden Produkt- und Prozessqualität sind Messgrößen festzulegen und deren Ausprägung im Rahmen der Leistungskontrolle zu ermitteln. Ist die Bestimmung der Produktqualität durch die Anwendung von Qualitätsstandards und den Einsatz von Messtechniken relativ problemlos realisierbar, so ist die Feststellung und Beurteilung der internen Prozessqualität in der Regel recht aufwändig. Eine Möglichkeit bilden unternehmensinterne „Self Assessment"-Maßnahmen, mittels derer Schwachstellen in der Prozessqualität aufgedeckt werden können (vgl. Burghardt 2007: 227 f.). Da sich Prozessqualitätsdefizite meist unmittelbar in der Produktqualität niederschlagen, ist in regelmäßigen Abständen eine entsprechende Beurteilung vorzunehmen (vgl. Bea et al. 2008: 343-345; Linß 2005: 1-4).[22]

---

[22] Um nachhaltige Produkt- und Prozessqualität zu gewährleisten, sind darüber hinaus auch die Phasen der Qualitätssicherung und -verbesserung im Unternehmen zu berücksichtigen. Weiterführend zu dieser Thematik siehe auch Linß 2005: 393-453.

3.3.2 Terminkontrolle

Im Anlagenbau gehen zeitliche Verzögerungen eines Fertigstellungstermins in der Regel mit vertraglich festgelegten Konventionalstrafen einher, welche die Wirtschaftlichkeit eines Projektes stark belasten können. Neben der verminderten Wettbewerbsfähigkeit durch Reputationsverlust, ist dies einer der wichtigsten Gründe, den zeitlichen Projektverlauf regelmäßig zu überwachen (vgl. Burghardt 2007: 170). Hierzu kann, analog zur Leistungskontrolle, der zeitliche Fortschrittsgrad prozentual ermittelt werden (vgl. Bea et al. 2008: 289 f.):

$$Zeitlicher\ Fortschrittsgrad\ in\ \% = \frac{Istdauer \cdot 100}{Voraussichtliche\ Gesamtdauer} \qquad (3.2)$$

Hierbei setzt sich die Gesamtdauer aus der Istdauer und der voraussichtlichen Restdauer zusammen, für deren Einschätzung Erkenntnisse hinsichtlich der noch zu erbringenden Leistung erforderlich sind (vgl. Fiedler 2010: 180 f.). Dabei ist zu beachten, dass nicht jedes Arbeitspaket ein proportionales Verhältnis zwischen Leistung und Zeit aufweist, sodass sowohl eine Einschätzung für den leistungstechnischen als auch zeitlichen Fortschrittsgrad vorliegen muss, um einen realistischen Eindruck des Status eines Arbeitspaketes gewinnen zu können (vgl. Bea et al. 2008: 290). Als Hilfsmittel zur Darstellung der Terminsituation dienen hierbei Terminlisten, Balkenpläne und entsprechende Angaben in Netzplänen. Als geeignetes Instrument zur Visualisierung des terminlichen Projektverlaufes von Anlagenbauprojekten eignet sich jedoch insbesondere die *Meilenstein-Trendanalyse* (siehe Abb. 3.3).

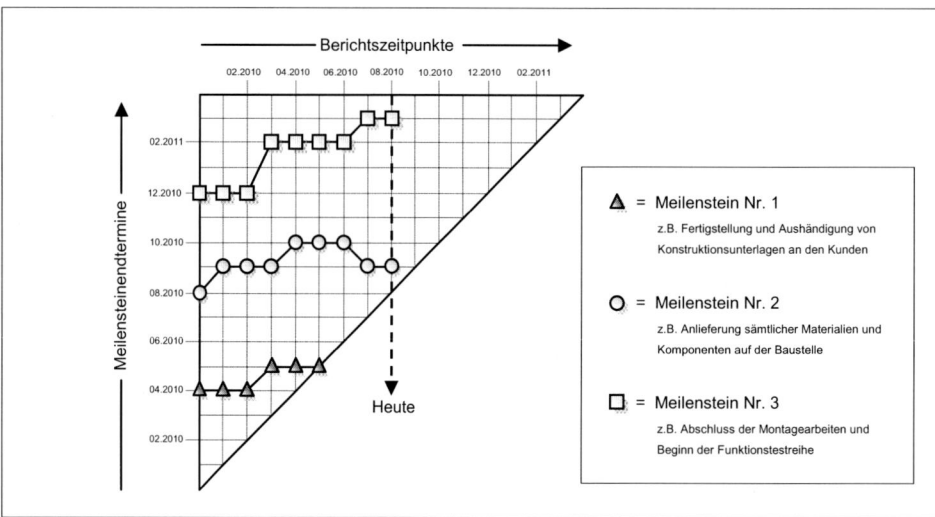

Abb. 3.3: Meilenstein-Trenddiagramm (in Anlehnung an Fiedler 2010: 184)

Im Gegensatz zu den zuvor genannten Instrumenten handelt es sich bei der Meilenstein-Trendanalyse nicht um eine statische, sondern um eine dynamische Betrachtungsmethode. Die Betrachtungsobjekte sind hierbei die Meilensteintermine innerhalb einzelner Arbeitspakete bzw. des gesamten Projektes. Das Meilenstein-Trenddiagramm wird jeweils zu festgelegten Stichtagen aktualisiert und visualisiert die Entwicklung der erwarteten Endtermine der einzelnen Meilensteine. Aus den unterschiedlichen Kurvenverläufen lassen sich hierbei gezielte Rückschlüsse auf den möglichen Projektverlauf ziehen:

- *Waagerechter* Verlauf: Planmäßige Einhaltung des Termins
- *Steigender* Verlauf: Drohende Überschreitung des Termins
- *Fallender* Verlauf: Mögliche Unterschreitung des Termins

Um eine spätere Nachvollziehbarkeit zu gewährleisten, sind die Trendkurven mit einer aussagekräftigen Kommentierung zu versehen, um auch rückblickend Ereignisse zuordnen und die Wirksamkeit initiierter Maßnahmen ableiten zu können. Im Hinblick auf den Lerneffekt für zukünftige Projekte liefern gewissenhaft aktualisierte und kommentierte Meilenstein-Trendanalysen wertvolle Beiträge.[23]

3.3.3 Kostenkontrolle

Regelmäßige Kostenkontrollen dienen der Sicherung der Wirtschaftlichkeit im Projektverlauf. Wesentlicher Bestandteil ist auch hier ein Plan-Ist-Vergleich, wobei dieser prinzipiell in Kombination mit dem leistungsmäßigen und zeitlichen Fortschrittsgrad erfolgen sollte (vgl. Bea et al. 2008: 296 f.; Pfetzing, Rohde 2009: 324). So mögen bisher angefallene Istkosten die in Summe geplanten Kosten noch nicht übersteigen, in Relation zum bisher erzielten Leistungsfortschritt jedoch bereits zu einer signifikaten Abweichung führen. Durch die Einbeziehung der erbrachten Istleistung zu einem bestimmten Zeitpunkt im Projektverlauf wird der Begriff der *Sollkosten* definiert. Hierbei wird versucht, die Plankosten auf den jeweiligen Leistungsfortschritt zu beziehen (vgl. Bea et al. 2008: 297).

Im Anlagenbau sind im Rahmen der Kostenkontrolle insbesondere Analysen der Kostenstrukturen notwendig, um frühzeitig Abweichungen erkennen und gezielte Maßnahmen einleiten zu können. Kostenstrukturanalysen werden dabei in der Regel in Anlehnung an den Projektstrukturbericht durchgeführt und ermöglichen somit einen detaillierten Überblick über die einzelnen Kostentreiber wie beispielsweise eigene Leistungen in Form verschriebener Stunden oder externe

---

[23] Zu den *Vor- und Nachteilen* sowie der grundsätzlichen *Methodik* der Meilenstein-Trendanalyse siehe weiterführend auch Bea et al. 2008: 291-296; Burghardt 2007: 176-178; Pfetzing, Rohde 2009:320-322.

Leistungen in Form von Bestellungen oder fremdbezogenen Dienstleistungen (vgl. Pfetzing, Rohde 2009: 324-326). Zusätzlich sind durch die Arbeitspaketverantwortlichen Prognosen hinsichtlich der zu erwartenden Kostenentwicklung anzufertigen. Zur Visualisierung von geplanten und prognostizierten Kostenverläufen eignet sich besonders das Kosten-Trenddiagramm (siehe Abb. 3.4).

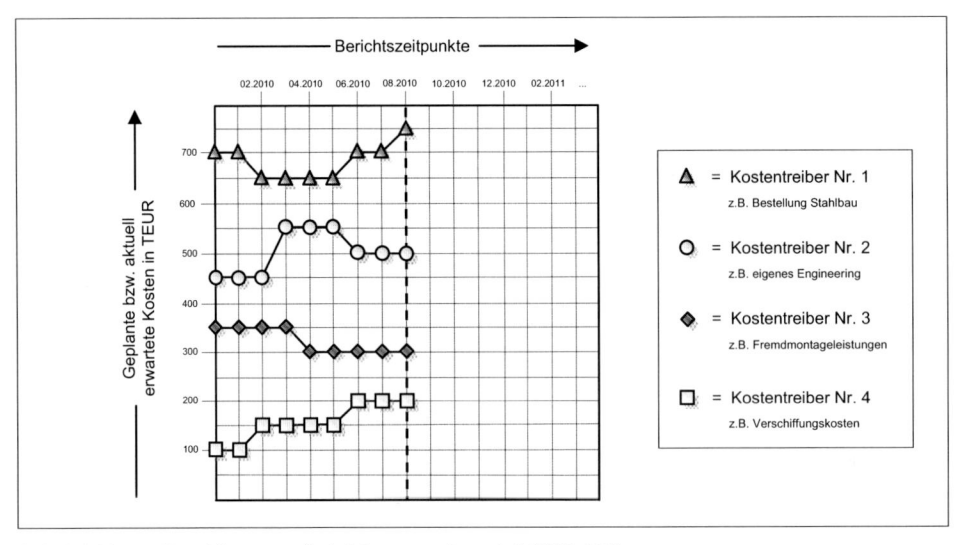

Abb. 3.4: Kosten-Trenddiagramm (in Anlehnung an Bea et al. 2008: 301)

Bei der Erstellung von Kostenprognosen ist zu bedenken, dass diese nur dann verlässlich sind, sofern Erkenntnisse zu den Ursachen von Plan-Ist-Abweichungen vorliegen und konkrete Informationen in Bezug auf den realisierten bzw. noch zu realisierenden Leistungsfortschritt in die Prognose einfließen (vgl. Burghardt 2007: 194; Pfetzing, Rohde 2009: 327).

3.3.4 Kapazitätsüberwachung

Der Zugriff auf den gleichen Ressourcenpool durch unterschiedliche, parallel zu bearbeitende Projekte, erfordert eine Überwachung bezüglich der Verfügbarkeit der benötigten Kapazitäten. Die Verfügbarkeit von Einsatzmitteln übt einen entscheidenden Einfluss auf die terminliche Fertigstellung von Aufträgen aus, weshalb potentielle Kapazitätsengpässe bereits frühzeitig erkannt und gesteuert werden müssen (vgl. Steinbüchel, Ovcak 2005: 95). In der Praxis haben sich hierzu Verfügbarkeitstabellen bewährt, die regelmäßig zu aktualisieren und im Falle von Personalkapazitäten mit der jeweiligen Fachbereichsleitung abzustimmen sind (vgl. Kuster et al. 2008: 131; Pfetzing, Rohde 2009: 328). Als weiteres Hilfsmittel werden häufig Belastungsdiagramme verwendet, die Bestandteil vieler Softwaretools für das Projektmanagement sind.[24]

---

[24] Siehe hierzu auch Anlage 5: Verfügbarkeitstabelle und Belastungsdiagramme.

3.3.5 Risiko- und Chancenmanagement

Komplexe Anlagenbauprojekte weisen eine Vielzahl unbekannter Faktoren auf, was eine permanente Vorausschau auf potentielle Risiken notwendig macht (vgl. Fiedler 2010: 151; Litke 2007: 148). Einerseits sind mögliche Risiken bereits in der Phase der Projektplanung zu berücksichtigen, andererseits ist ergänzend hierzu in der Phase der Projektausführung ein analytisches Risikomanagement zu betreiben. Dies umfasst die folgenden, regelmäßig zu aktualisierenden Inhalte:

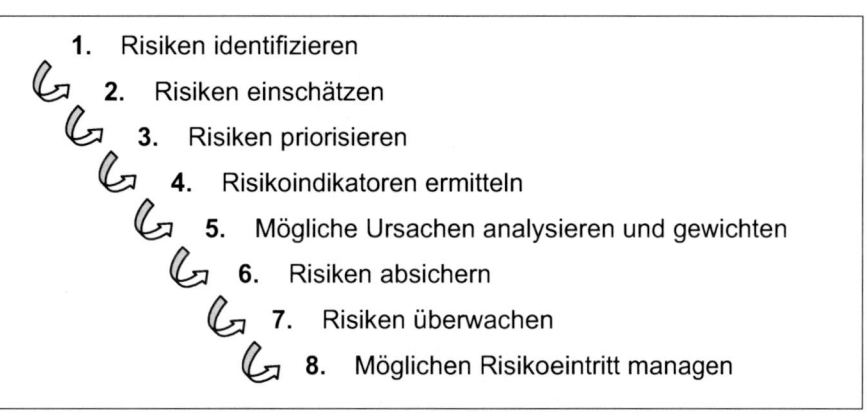

---
1. Risiken identifizieren
2. Risiken einschätzen
3. Risiken priorisieren
4. Risikoindikatoren ermitteln
5. Mögliche Ursachen analysieren und gewichten
6. Risiken absichern
7. Risiken überwachen
8. Möglichen Risikoeintritt managen

Abb. 3.5: Inhalte eines analytischen Risikomanagements (in Anlehnung an Fiedler 2010: 153-160)

Zur Absicherung auftretender Risiken ist bereits in der Phase der Projektplanung eine entsprechende Budgetposition vorzusehen. In der Praxis wird hierbei häufig ein entsprechender Prozentsatz des Projektwertes als Risikopuffer eingeplant, jedoch ist eine konkrete Analyse und Bewertung möglicher Risiken vorzuziehen. Im Rahmen der *Risikoidentifikation* ist zwischen technischen bzw. Produktrisiken, finanziellen und rechtlichen Risiken, personellen Risiken und Markt- und Managementrisiken zu unterscheiden (vgl. Litke 2007: 149; Pfetzing, Rohde 2009: 356 f.; Wolke 2008: 201 ff.).[25] Zur *Risikoeinschätzung* zählt sowohl die Eintrittswahrscheinlichkeit $p(R)$ als auch die Tragweite im Fall eines Risikoeintritts $Tw(R)$ in Geldeinheiten. Beide Einschätzungen beruhen dabei primär auf Erfahrungen aus zurückliegenden Projekten bzw. der konkreten Situation und dienen zur Ermittlung des Risikowertes $Rw(R)$ (vgl. Pfetzing, Rohde 2009: 357-360):

$$Rw(R) = p(R) \cdot Tw(R) \qquad (3.3)$$

Die *Risikopriorisierung* wird anschließend anhand der ermittelten Risikowerte vorgenommen (vgl. Gleißner 2008: 119-123; Pfetzing, Rohde 2009: 361-363).

---

[25] Zur *Risikoidentifikation und Risikosystematisierung* siehe weiterführend auch Gleißner 2008: 46-60; Kerzner 2008: 677-693; Wolke 2008: 5-7.

Als geeignetes Mittel hat sich hierbei die Darstellung anhand eines Risikoportfolios bewährt (siehe Abb. 3.6): [26]

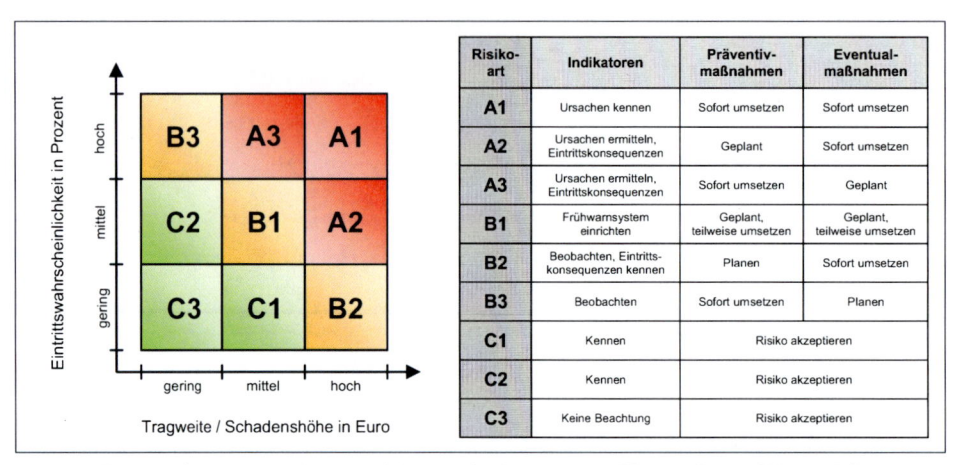

Risikoart	Indikatoren	Präventivmaßnahmen	Eventualmaßnahmen
A1	Ursachen kennen	Sofort umsetzen	Sofort umsetzen
A2	Ursachen ermitteln, Eintrittskonsequenzen	Geplant	Sofort umsetzen
A3	Ursachen ermitteln, Eintrittskonsequenzen	Sofort umsetzen	Geplant
B1	Frühwarnsystem einrichten	Geplant, teilweise umsetzen	Geplant, teilweise umsetzen
B2	Beobachten, Eintrittskonsequenzen kennen	Planen	Sofort umsetzen
B3	Beobachten	Sofort umsetzen	Planen
C1	Kennen	Risiko akzeptieren	
C2	Kennen	Risiko akzeptieren	
C3	Keine Beachtung	Risiko akzeptieren	

Abb. 3.6: Risikoportfolio und Handlungsempfehlungen (in Anlehnung an Pfetzing, Rohde 2009: 362 f.)

Nach Ermittlung der zu priorisierenden Risiken sind für diese *Indikatoren* festzulegen, anhand derer eine intensive Überwachung erfolgen kann. Hierbei sind sowohl harte als auch weiche Krisenindikatoren zu beobachten, wie Abweichungen vom Zeitplan und Kostenüberschreitungen, aber auch personelle Probleme in der Projektgruppe oder erkannte Schwächen im Projektinformationssystem. Auch wenn vor einem akuten Risikoeintritt Beziehungsuntersuchungen häufig spekulativer Natur sind, sollten bereits im Vorfeld gezielte *Ursachenanalysen* durchgeführt werden, um im Falle eines Risikoeintrittes frühzeitige und gezielte Steuerungsmaßnahmen einleiten zu können (vgl. Pfetzing, Rohde 2009: 364 f.). Von besonderer Bedeutung ist hierbei die Untersuchung der A-Risiken, da von diesen die größte Gefährdung für das Projekt ausgeht. Im Rahmen der *Risikoabsicherung* werden für die priorisierten Risiken anhand der ermittelten Ursachen geeignete Maßnahmen bestimmt (vgl. Burghardt 2007: 160-162). Diese können vor dem Risikoeintritt bereits als Präventivmaßnahmen durchgeführt werden, um potentielle Risiken bereits im Vorfeld zu minimieren oder in Form von Eventualmaßnahmen vorbereitet werden, zum Zwecke einer Schadensbegrenzung nach einem Risikoeintritt (vgl. Pfetzing, Rohde 2009: 365 f.). Im Projektverlauf ist insbesondere für die A- und B-Risiken eine gezielte und regelmäßige *Risikoüberwachung* vorzunehmen. Hierzu sind die Entwicklungen der zuvor festgestellten Risikoindikatoren zu beobachten und zu dokumentieren. Dies kann ebenfalls im Rahmen des Risikoportfolios geschehen, mithilfe dessen Risikoentwicklungen visualisiert werden können (vgl. Pfetzing, Rohde 2009: 367 f.). Selbstverständlich liegt der Fokus bei der Risikoüberwachung nicht ausschließlich auf bereits er-

---

[26] In der Literatur findet sich häufig auch der Begriff der *Risk-Map*. Siehe hierzu auch Fiedler 2010: 155; Gleißner 2008: 119.

kannten Risiken, sondern muss zusätzlich auf bisher möglicherweise noch nicht erkannte neue Risiken ausgedehnt werden (vgl. Gleißner 2008: 195). Grundsätzlich ist festzustellen, dass der Einsatz eines analytischen Risikomanagements die Möglichkeit eines *Risikoeintrittes* reduzieren, jedoch nicht gänzlich verhindern kann. Im Falle eines tatsächlichen Risikoeintrittes gilt es, die Krisenfaktoren und ihre Ursachen zu ermitteln und die zuvor festgelegten Eventualmaßnahmen einzuleiten. Im Vorfeld konsequent durchgeführte Risikoanalysen erlauben zumeist eine Problembewältigung ohne größere Negativfolgen für das Projekt (vgl. Pfetzing, Rohde 2009: 369).

Können durch ein gezieltes Risikomanagement negative Auswirkungen auf den Projektverlauf reduziert werden, so können durch ein in gleicher Form durchzuführendes *Chancenmanagement* positive Projektauswirkungen fokussiert werden, was zu einer Kompensation des Gesamtrisikos führen kann (vgl. Gleißner 2008: 8). Hierbei sind Chancen ebenfalls zu identifizieren, zu bewerten, zu priorisieren und gezielt zu verfolgen. Neben der Chancenverfolgung von Einkaufserfolgen oder Bearbeitungszeitverkürzungen ist im Rahmen des Chancenmanagements insbesondere ein strukturiertes *Claim Management* von besonderer Bedeutung, mittels dessen die Durchsetzung von eigenen Ansprüchen gegenüber Dritten positiv beeinflusst werden kann (vgl. Bea et al. 2008: 273 f.). Da die Abwicklung von Aufträgen im Anlagenbau regelmäßig zahlreiche Beziehungen zu Dritten wie beispielsweise Subunternehmen, Lieferanten oder externe Berater notwendig macht, ist ein gezieltes Verfolgen von Nachforderungsansprüchen im Falle von vertragsabweichenden Leistungen für den wirtschaftlichen Projekterfolg zwingend erforderlich. Die Verfolgung von Eigen-Claims gegenüber Dritten kann hierbei als Bestandteil des Chancenmanagements betrachtet werden, wohingegen das Vermeiden von Fremd-Claims, also Ansprüche Dritter gegenüber dem eigenen Unternehmen, als Aspekt des Risikomanagements angesehen werden kann (vgl. Bea et al. 2008: 273-276; Burghardt 2008: 56).[27]

3.4 Ganzheitliche Earned Value-Analyse

Die Earned Value-Analyse dient der Beurteilung des aktuellen Standes eines Projektes oder einzelner Arbeitspakete in Hinblick auf Kosten-, Termin- und Leistungsabweichungen zu einem bestimmten Zeitpunkt. Zusätzlich kann sie um eine Prognose in Bezug auf den Endtermin und die voraussichtlichen Gesamtkosten ergänzt werden (vgl. Bea et al. 2008: 309; Kuster et al. 2008: 316 f.).

---

[27] Zur Thematik des *operativen Claim-Managements* siehe weiterführend auch Gregorc, Weiner 2009: 133-175.

3.4.1 Terminologie und Visualisierung

Im Rahmen der Earned Value-Analyse sind zunächst drei Kostengrößen zu definieren:

- *Plankosten* bzw. *Budgeted Costs of Work Scheduled* $BCWS$:
  Geplante Kosten für die Planleistung gemäß Terminplan
- *Istkosten* bzw. *Actual Costs of Work Performed* $ACWP$:
  Tatsächlich angefallene Kosten für die tatsächlich erbrachte Leistung zum Stichtag
- *Sollkosten* bzw. *Budgeted Costs of Work Performed* $BCWP$:
  Geplante Kosten für die tatsächlich erbrachte Leistung zum Stichtag

Mittels dieser Kosten und der entsprechenden Visualisierung lassen sich drei wesentliche Abweichungen im Projektverlauf ermitteln (siehe Abb. 3.7):

- *Kostenabweichung* bzw. *Cost Variance* CV:
  „Istkosten abzüglich Sollkosten" zur Bestimmung der Wirtschaftlichkeit der Projektdurchführung
- *Leistungsabweichung* bzw. *Schedule Variance* SV:
  „Sollkosten abzüglich Plankosten" zur Beurteilung der Erreichung der ursprünglich geplanten Leistungsziele
- *Terminabweichung* bzw. *Time Variance* TV:
  Differenz zwischen dem Stichtag und dem Punkt auf der Plankostenkurve, zu dem die aktuelle Istleistung originär geplant wurde

Diese Projektinformationen lassen sich folgendermaßen visualisieren:

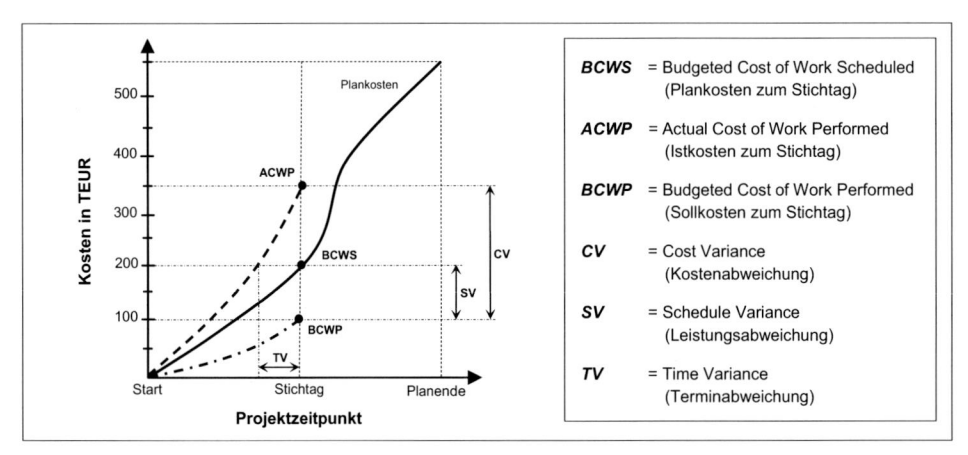

Abb. 3.7: Visualisierung der Earned Value-Analyse (in Anlehnung an Bea et al. 2008: 310)

3.4.2 Vorgehensweise zur Durchführung der Earned Value-Analyse

Die Erstellung einer Earned Value-Analyse umfasst dabei die folgenden Schritte (vgl. Bea et al. 2008: 310-315):

1.) Eintragen des kumulierten Plankostenverlaufes in das Diagramm
2.) Ermitteln und Eintragen der zum Stichtag angefallenen Istkosten
3.) Erfassen und Eintragen der Sollkosten auf Basis zuvor ermittelter und anschließend bewerteter Fertigstellungsgrade
4.) Interpretation der Ergebnisse und Kurvenverläufe
5.) Prognose der zukünftigen Entwicklung
6.) Einleiten und Nachverfolgen von Steuerungsmaßnahmen

Im Rahmen der Interpretation sind die einzelnen Kurvenverläufe und ihre Positionen zueinander relevant. Befindet sich die Sollkostenkurve zum Stichtag unter der Plankostenkurve, so ist daraus eine Leistungsabweichung abzuleiten. Absolute und relative Leistungsabweichungen $SV_{abs.}$ bzw. $SV_{rel.}$ lassen sich demnach wie folgt ermitteln:

$$SV_{abs.} = Sollkosten - Plankosten = BCWP - BCWS \tag{3.4}$$

$$SV_{rel.} = \frac{Absolute\ Leistungsabweichung \cdot 100}{Plankosten} = \frac{SV_{abs.} \cdot 100}{BCWS} \tag{3.5}$$

Zur Ermittlung des Anteils fertig gestellter Leistung gegenüber geplanter Leistung kann auch der Leistungsindex SPI (Schedule Performance Index) herangezogen werden (vgl. Fiedler 2010: 194):

$$SPI = \frac{Sollkosten}{Plankosten} = \frac{BCWP}{BCWS} \tag{3.6}$$

Im Falle des in Abb. 3.7 dargestellten Earned Value-Diagramms folgt hieraus:

$$SV_{abs.} = BCWP - BCWS = 100\ TEUR - 200\ TEUR = \underline{\underline{-100\ TEUR}}$$

$$SV_{rel.} = \frac{SV_{abs.} \cdot 100}{BCWS} = \frac{-100\ TEUR \cdot 100}{200\ TEUR} = \underline{\underline{-50\%}}$$

$$SPI = \frac{BCWP}{BCWS} = \frac{100\ TEUR}{200\ TEUR} = \underline{\underline{0,5}}$$

Da die Leistungsabweichung einen Negativwert aufweist, ist daraus zu schließen, dass bis zum Stichtag weniger Leistung erbracht wurde, als ursprünglich geplant war. Die tatsächliche Leistung liegt 50 Prozent unter der originär geplanten. Der Leistungsindex weist hingegen einen Wert unter 1 auf und zeigt somit eine Minderleistung in Relation zur Planung auf. Übersteigt der Leistungsindex hingegen den Wert 1, so deutet dies auf eine Mehrleistung im Vergleich zum Plan hin.

Entsprechend dem Vorgehen zur Ermittlung und Bemessung von Leistungsabweichungen, kann die Kostensituation in Projekten oder Arbeitspaketen analysiert werden (vgl. Fiedler 2010: 194). Die Untersuchung erfolgt hierbei analog über die absolute und relative Abweichung $CV_{abs.}$ bzw. $CV_{rel.}$ und den Kostenindex CPI (Cost Performance Index):

$$CV_{abs.} = Istkosten - Sollkosten = ACWP - BCWP \qquad (3.7)$$

$$CV_{rel.} = \frac{Absolute\ Kostenabweichung \cdot 100}{Sollkosten} = \frac{CV_{abs.} \cdot 100}{BCWP} \qquad (3.8)$$

$$CPI = \frac{Istkosten}{Sollkosten} = \frac{ACWP}{BCWP} \qquad (3.9)$$

Im Falle des in Abb. 3.7 dargestellten Earned Value-Diagramms folgt hieraus:

$$CV_{abs.} = ACWP - BCWP = 350\ TEUR - 100\ TEUR = \underline{\underline{250\ TEUR}}$$

$$CV_{rel.} = \frac{CV_{abs.} \cdot 100}{BCWP} = \frac{250\ TEUR \cdot 100}{100\ TEUR} = \underline{\underline{250\%}}$$

$$CPI = \frac{ACWP}{BCWP} = \frac{350\ TEUR}{100\ TEUR} = \underline{\underline{3{,}5}}$$

Hieraus lassen sich für den aktuell realisierten Leistungsstand Mehrkosten in Höhe von 250 TEUR bzw. eine momentane Budgetüberschreitung von 250 Prozent ableiten. Der Kostenindex überschreitet seinerseits den Wert 1 beträchtlich und deutet somit deutlich auf eine ungenügende Kosteneffizienz des in Abb. 3.7 dargestellten Beispiels hin.

Im Anschluss an die Ermittlung möglicher Abweichungen ist zum einen gezielte Ursachenforschung zu betreiben und zum anderen eine Prognose über die weitere Entwicklung aufzustellen. Hierzu können für die voraussichtliche Gesamtdauer TEC (Time Estimate at Completion) des Projektes bzw. Arbeitspaketes unterschiedliche Ansätze verfolgt werden (vgl. Fiedler 2010: 195). Im einfachsten Fall kann eine ggf. bereits bestehende Terminabweichung TV als Abweichung angesehen werden, die im weiteren Projektverlauf wieder aufgeholt wird. Weiterhin kann die Abweichung TV gemäß einem *additiven* Ansatz als einmalig auftretende Abweichung betrachtet werden, welche die gesamte Plandauer PD (Project Duration) entsprechend verlängert:

$$TEC_{add.} = Gesamte\,Plandauer + Terminabweichung = PD + TV \qquad (3.10)$$

Bei der Annahme einer Fortsetzung des bisherigen Trendes ist ein *linearer* Ansatz zu wählen:

$$TEC_{lin.} = \frac{Gesamte\,Plandauer}{Leistungsindex} = \frac{PD}{SPI} \qquad (3.11)$$

Die Prognose der voraussichtlichen Gesamtkosten CEC (Cost Estimate at Completion) erfolgt ebenfalls gemäß eines Ansatzes, der die Aufhebung der Kostenabweichung CV im Zeitverlauf unterstellt, sie als Einmaleffekt additiv auf die gesamten Plankosten BC (Budgeted Costs) aufschlägt oder gemäß eines linear erwarteten Trends fortschreibt (vgl. Fiedler 2010: 196):

$$CEC_{add.} = Gesamte\,Plankosten + Kostenabweichung = BC + CV \qquad (3.12)$$

$$CEC_{lin.} = Gesamte\,Plankosten \cdot Kostenindex = BC \cdot CPI \qquad (3.13)$$

Unabhängig davon, welcher Ansatz zur Ermittlung von Termin- und Kostenprognosen verfolgt wird, sind stets individuelle Einflüsse und Erkenntnisse zu berücksichtigen, welche durch die analytische Bestimmung nicht erfasst werden können.[28]

---

[28] Zur Methodik der Earned Value-Analyse siehe weiterführend auch Kerzner 2008: 589-608.

3.4.3 Kritische Würdigung der Earned Value-Analyse

Die Earned Value-Methode erlaubt eine ganzheitliche Analyse der Zieldimensionen Leistung, Zeit und Kosten und dient darüber hinaus als anschauliches Visualisierungsinstrument. Die Erstellung bedeutet jedoch einen nicht zu unterschätzenden Mehraufwand für den Projektleiter und die Arbeitspaketverantwortlichen. Es ist sicherzustellen, dass sämtliche benötigten Daten vollständig und fristgerecht erhoben und aufbereitet werden. Auch ist die Prämisse eines linearen Zusammenhangs zwischen Kosten und Leistung zu überprüfen, da eine Proportionalität zwischen beiden Zieldimensionen Voraussetzung für plausible Erkenntnisse im Rahmen der Analyse ist (vgl. Schelle 2007: 184). Sind diese Voraussetzungen erfüllt, stellt die Earned Value-Analyse eine wertvolle Methode zur Projektsteuerung dar.

3.5 Ursachen- und Zusammenhangsanalyse

Die reine Feststellung und Dokumentation von Planabweichungen und potentiellen Risiken ist kein ausreichendes Fundament zur gezielten Einleitung von Maßnahmen und somit zur Steuerung von Projekten. Vielmehr ist es vor dem Initiieren von Maßnahmen notwendig, die Ursachen der erkannten Abweichungen und Risiken zu analysieren und ggf. vorhandene Zusammenhänge zwischen einzelnen Systemkomponenten zu bestimmen (vgl. Bendisch, Kern 2006: 55 f.; Kerzner 2008: 717-719). Dies dient insbesondere dazu, Überreaktionen zu vermeiden und zwingt den Projektleiter zum Überdenken von Konsequenzen möglicher Maßnahmen (vgl. Kuster et al. 2008: 2008; Pfetzing, Rohde 2009: 331). Zur Reduzierung des Aufwandes im Rahmen der Ursachen- und Zusammenhangsanalyse bietet es sich an, einen Ursachenkatalog zu führen und stetig zu ergänzen, sodass dieser auch für zukünftige oder parallel abzuwickelnde Aufträge Verwendung finden kann. Zur Identifikation geeigneter Ansatzpunkte zur Einleitung von Steuerungsmaßnahmen haben sich in der Praxis unterschiedliche Visualisierungstechniken bewährt. Neben der Darstellungsmöglichkeit rein linearer Zusammenhänge mittels Ishikawa-Diagrammen und Mind-Maps, stellt das Ursachen-Wirkungs-Netzwerk darüber hinaus eine Methode zur Abbildung zyklischer und wechselseitiger Zusammenhänge dar (vgl. Pfetzing, Rohde 2009: 332 f.).[29] Aufgrund der Tatsache, dass die Ursachen von Planabweichungen in der Regel untereinander vernetzt sind, ist eine gezielte Betrachtung dieser Beziehungen

---

[29] Zur Thematik der Mind-Maps und Ishikawa-Diagramme siehe weiterführend auch Kuster et al. 2008: 349 f.; Linß 2005: 109 f. und 415 f.

und daraus resultierender Problemkreisläufe von besonderer Bedeutung (siehe Abb. 3.8).

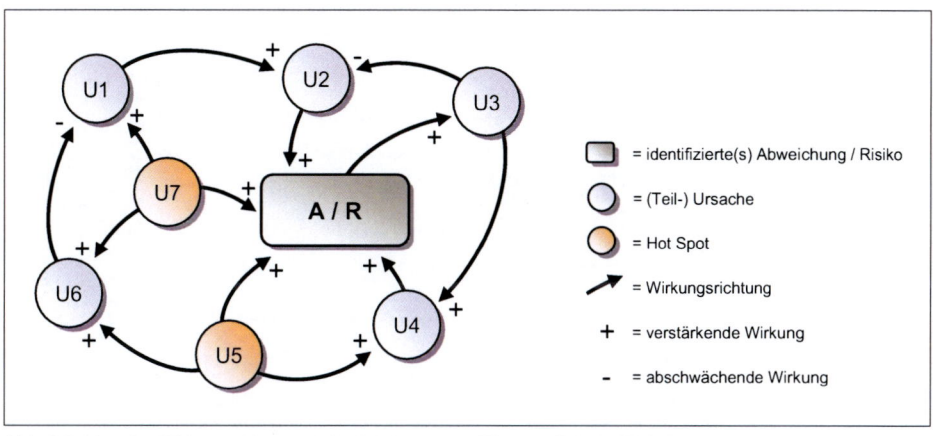

Abb. 3.8: Ursache-Wirkungs-Netzwerk (in Anlehnung an Pfetzing, Rohde 2009: 336)

Zusätzlich bieten Ursachen-Wirkungs-Netzwerke die Möglichkeit, sog. *Hot Spots* zu identifizieren, also kritische Ursachen, von denen die wesentlichen Wirkungen in Bezug auf Abweichungen und Risiken ausgehen (vgl. Pfetzing, Rohde 2009: 335 f.).

3.6 Projektsteuerung und Maßnahmenverfolgung

Ein planmäßig verlaufendes Projekt erfordert in der Regel keine oder lediglich minimale Steuermaßnahmen. Treten unplanmäßige Ereignisse oder Engpässe auf, so bedarf es zweckmäßiger Maßnahmen, um das Projekt erfolgreich abzuwickeln (vgl. Burghardt 2007: 193; Schwarze 2010: 191 f.). Obwohl in der Praxis häufig eine wirksame Diagnose und Abweichungsanalyse durchgeführt wird, weisen viele Projekte trotzdem eine unwirksame Projektsteuerung auf. Gründe hierfür sind unter anderem mangelnde Kompetenzen des Projektleiters, ein zu geringes Repertoire an Maßnahmen, ungenügende Einbeziehung des gesamten Projektteams, die bewusste Vermeidung von Konfliktsituationen oder eine ausbleibende Überprüfung der Wirksamkeit zuvor eingeleiteter Steuerungsmaßnahmen (vgl. Pfetzing, Rohde 2009: 398). Um eine effektive Projektsteuerung zu gewährleisten, ist sicherzustellen, dass fundierte, aktuelle und vollständige Istdaten vorliegen, transparent aufbereitete Abweichungs- und Zusammenhangsanalysen durchgeführt wurden und die Abweichungs- bzw. Risikoursachen systematisch identifiziert wurden. Ergänzend zur Ursachen- und Zusammenhangsanalyse ist ein zentraler Maßnahmenkatalog zu führen, der sowohl den Inhalt als auch die Wirksamkeit eingeleiteter Maßnahmen dokumentiert und für die nachträgliche Projektbeurteilung und zukünftige Auftragsabwicklungen eine wertvolle Know-

How-Sammlung darstellt (vgl. Burghardt 2007: 146). Auf Basis all dieser Informationen kann ein effektiver Steuerungsprozess erfolgen (siehe Abb. 3.9):

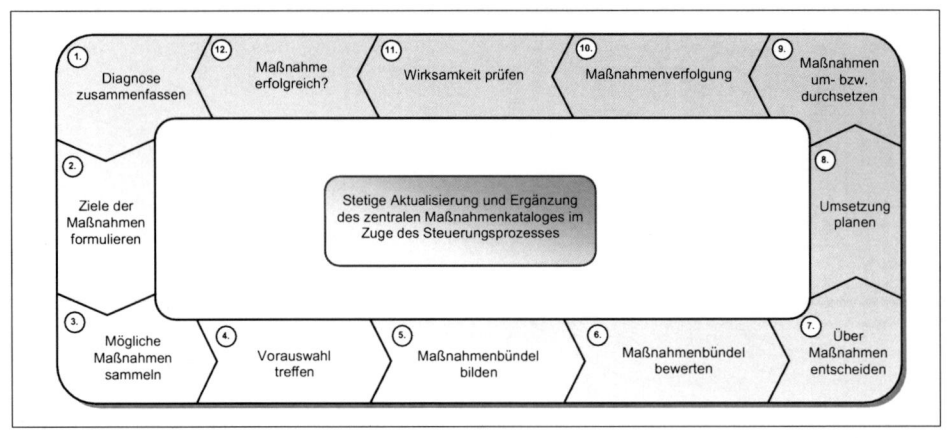

Abb. 3.9: Steuerungsprozess und Maßnahmenverfolgung (in Anlehnung an Pfetzing, Rohde 2009: 399)

Im Zuge der Maßnahmenverfolgung ist insbesondere der zeitliche Abstand zwischen der Feststellung der Abweichung und der Maßnahmenwirkung zu beobachten. Zu diesem Zweck sind die initiierten Maßnahmen vollständig zu dokumentieren und der Projektüberwachungszyklus zeitlich zu verkürzen. Zusätzlich sind die Überwachungsinhalte entsprechend um eine gezielte Überwachung der Maßnahmenwirkung zu ergänzen (vgl. Pfetzing, Rohde 2009: 400).

4 Entwicklung eines Regelkreises für Anlagenbauprojekte

4.1 Systemtheorie und Kybernetik

Zur effizienten Steuerung von komplexen Anlagenbauprojekten ist die Kenntnis von Grundlagen der Systemtheorie im Allgemeinen und der Kybernetik im Speziellen zwingend erforderlich. Als ein *System* ist hierbei eine geordnete Gesamtheit von Elementen zu verstehen, zwischen denen Beziehungen bestehen oder hergestellt werden können. Beziehungen wiederum stellen Verbindungen dar, die das Verhalten der einzelnen Elemente bzw. des Gesamtsystems beeinflussen (vgl. Hahn 2001: 7). Die allgemeine Systemtheorie befasst sich mit dem Aufbau, den Eigenschaften, Verhaltensweisen und der Klassifikation unterschiedlicher Systeme (vgl. Riedl 2000: 57-59). Die *Kybernetik* bildet ein Teilgebiet der Systemtheorie, welches sich mit den Strukturen und dem Verhalten ausschließlich dynamischer Systeme befasst und dessen Inhalte insbesondere auf den kybernetischen Grundprinzipien basieren. Diese beschreiben die Erhaltung des Systemgleichgewichtes, in dem das System einen angestrebten Zustand erreicht bzw. ein definiertes Ergebnis oder Verhalten bezweckt werden soll (vgl. Schiemenz 1996: 708; Sjurts 1995: 71 f.). Diese Systembeeinflussung kann dabei sowohl antizipativ in Form einer *Steuerung im engeren Sinne (i.e.S.)* oder einer reaktiven *Regelung* stattfinden.

Die *Steuerung i.e.S.* (feedforward) stellt hierbei einen offenen Prozess der Vorwärtskopplung dar, bei dem eine steuernde Instanz (Steuereinrichtung) einem zu steuernden System (Steuerstrecke) Führungsgrößen bzw. hieraus abgeleitete Stellgrößen vorgibt, ohne eine weitere Berücksichtigung der Systemergebnisse vorzunehmen. Durch eine Steuerung i.e.S. wird demnach versucht, einer sich negativ auswirkenden Störgröße durch eine in ihrer Wirkung konträren Maßnahme entgegen zu wirken. Eine Einleitung von Steuerungsmaßnahmen wird hierbei nicht durch Abweichungen zwischen Stell- und Regelgröße verursacht, sondern durch das Vorliegen einer potentiellen Störung. Die Steuerung i.e.S. ist somit als antizipative und zukunftsgerichtete Systembeeinflussung zu verstehen.

Im Gegensatz zur Steuerung i.e.S. bildet die *Regelung* (feedback) eine geschlossene outputorientierte Rückwärtskopplung. Auslöser für ein reagierendes Eingreifen sind hierbei bereits aufgetretene Störungen, die mithilfe von Regelgrößen indirekt auf ihre Auswirkungen in Bezug auf das Systemergebnis gemessen wurden. Die Grundlage für eine regelnde und vergangenheitsbezogene Systembeeinflussung bildet somit eine Abweichung zwischen Stell- und Regelgröße (vgl. Schiemenz 1996: 708-710; Sjurts 1995: 73-77; Weisser 1998: 98-101). Der Vorteil einer Steuerung i.e.S., Störungen bereits vor ihrem Auftreten zu erkennen und ihnen antizipativ entgegen zu wirken, verlangt vollkommene Information und die Determiniertheit des Systemverhaltens. Bei komplexen Anlagenbauprojekten dürften diese Voraussetzungen regelmäßig nicht gegeben sein, was eine alleinige Systemlenkung durch Steuerung i.e.S. nicht erlaubt. Eine Kombination aus Steuerungsfunktionen i.e.S. und Regelungsfunktionen ist somit zwingend erforderlich. Erstere dienen zur Antizipierung von erwarteten Abweichungen der Zieldimensionen und einem gezielten Risiko- und Chancenmanagement. Letztere finden bei tatsächlich auftretenden Abweichungen zwischen Plan- und Istgrößen Anwendung. Diese Steuerungsmethodik kann auch als *Steuerung im weiteren Sinne (i.w.S.)* verstanden werden.

4.2 Aufbau und Wirkungsweise des Projektregelkreises

Der Projektregelkreis zur *Steuerung i.w.S.* stellt einen sich wiederholenden Zyklus dar, welcher vom Ende der Projektplanung bis zum Ende der Projektausführung regelmäßig durchlaufen wird (vgl. Burghardt 2007: 17 f.). Er muss dabei sowohl antizipatives als auch reaktives Verhalten umfassen (siehe Abb. 4.1).

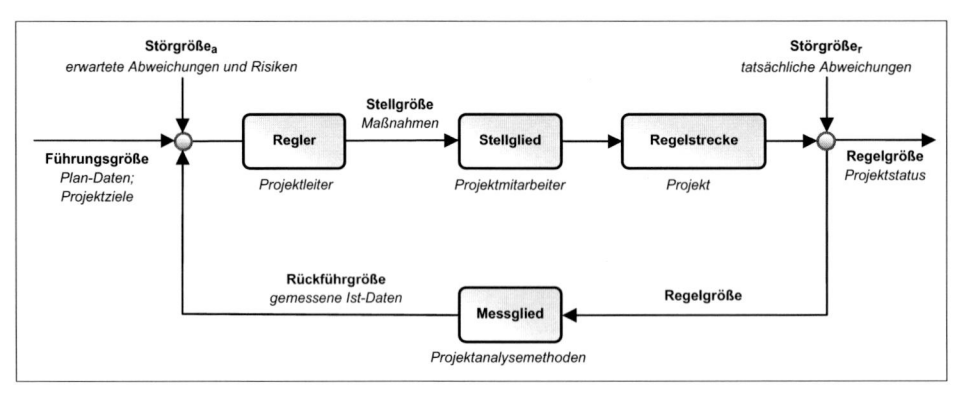

Abb. 4.1: Regelkreis zur Projektsteuerung im weiteren Sinne (in Anlehnung an Demleitner 2009: 19)

Im Projektverlauf nimmt der Projektleiter die Funktion des Reglers wahr, welcher geeignete Maßnahmen initiiert, um auftretende Störgrößen auszugleichen. Diese Störgrößen erfordern hierbei entweder antizipatives (Störgröße$_a$) oder reaktives (Störgröße$_r$) Eingreifen. Die Störgröße$_r$ kann im Regelkreis durch einen direkten Vergleich von Rückführgröße und Führungsgröße erfolgen, wohingegen die Ermittlung der Störgröße$_a$ vorausschauende Aktivitäten verlangt und somit einen weniger präzisen Charakter aufweist. Entsprechend der erwarteten oder tatsächlichen Störgrößen wird der Projektleiter in der Regel über die Projektmitarbeiter Maßnahmen einleiten, welche als Stellgrößen direkt auf die Regelstrecke bzw. das Projekt einwirken.[30]

---

[30] Zur Thematik der *Regelkreise* siehe weiterführend auch Mann et al. 2009: 21-28; Reuter, Zacher 2008: 3-8.

4.3 Ausgestaltung des Projektregelkreises zur ganzheitlichen diagnostischen Steuerung von Anlagenbauprojekten

Im Folgenden soll exemplarisch das Modell eines Projektregelkreises bzw. der darin enthaltenen Ablaufprozesse für den Anlagenbau entwickelt werden. In Anbetracht des gegebenen Rahmens wird hierbei auf Prämissen zurückgegriffen und der Fokus auf die wesentlichen Problemfelder des Anlagenbaus gerichtet. Die Erweiterbarkeit des Modells um branchen- und unternehmensspezifische Aspekte bleibt hierdurch jedoch unberührt.

4.3.1 Prämissen und Rahmenbedingungen

Der zu entwickelnde Regelkreis zur ganzheitlichen diagnostischen Projektsteuerung basiert auf den nachfolgend aufgeführten Prämissen und unterstellten Rahmenbedingungen:

- reines Engineeringunternehmen (keine eigene Fertigung)
- Multiprojektunternehmen (Auftragsabwicklung als Kerngeschäft)
- Vorliegen eines betriebswirtschaftlichen EDV-Systems (z.B. SAP)

Die Anpassung des Regelkreismodells an ein explizites Unternehmen kann durch die Einbindung diverser Erweiterungsoptionen (z.B. Vorhandensein einer eigenen Fertigung) erzielt werden.

4.3.2 Ablaufprozesse des ganzheitlichen Projektregelkreises

Der gesamte Ablaufprozess der Projektsteuerung lässt sich in den *Vorlaufprozess*, *Analyseprozess* und den *Steuerungsprozess* zerlegen (siehe Abb. 4.2).

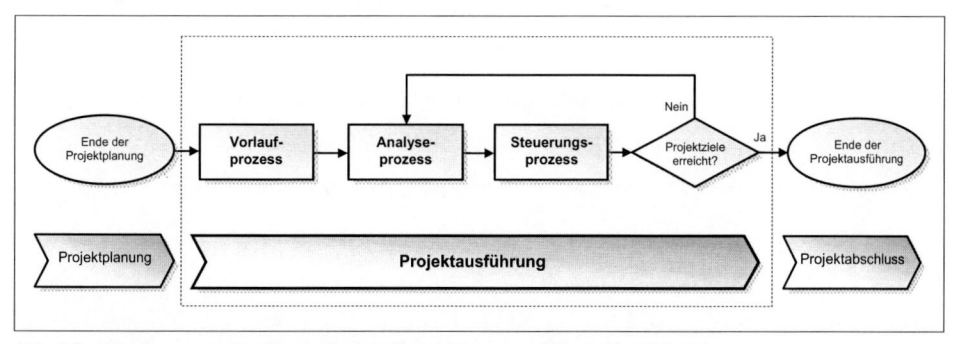

Abb. 4.2: Ablaufprozesse der diagnostischen Projektsteuerung (eigene Darstellung)

Der Vorlaufprozess ist hierbei ein einmalig vorzunehmender Vorgang, wohingegen Analyse- und Steuerungsprozesse bis zum Ende der Projektausführung in regelmäßigen Abständen wiederholt und deren Inhalte entsprechend der Projektentwicklung modifiziert werden.

4.3.2.1 Vorlaufprozess

Ziel des Vorlaufprozesses ist es, die Grundlagen für eine effektive Projektdiagnose und -steuerung zu schaffen. Sie soll sicherstellen, dass alle zur Diagnose und Steuerung benötigten Informationen in angemessener Form vorliegen und sämtliche Vorbereitungen hinsichtlich des Projektinformationssystems und der im Rahmen der Projektausführung verwendeten Hilfsmittel getroffen wurden. Der Vorlaufprozess beginnt mit dem Ende der Projektplanung und endet mit dem Kick Off-Meeting, welches die Projektausführung einleitet. Je nach Branche und Unternehmen kann diese Prozessstufe um spezifische Inhalte ergänzt werden, zwingend sind jedoch die folgenden Schritte zur berücksichtigen:

1. Überprüfung der Plandaten auf Vollständigkeit und Form:

Um einen effektiven Plan-Ist-Vergleich durchführen und hieraus aussagekräftige Rückschlüsse ziehen zu können, ist das Vorhandensein sämtlicher, zur Projektausführung benötigter Plandaten bezüglich der Zieldimensionen notwendig. Im Falle der *Kostenplanung* wird hierbei regelmäßig auf ein EDV-System (z.B. SAP) zurückgegriffen, welches die gesamte Projektkalkulation enthält und direkt mit den betriebswirtschaftlichen Funktionen des Unternehmens verknüpft ist. Ein solches System bietet unter anderem die Möglichkeit, die Projektkalkulation detailliert nach geplanten Engineeringstunden (eigene Leistungen), Einkaufskörben (Zukäufe) und sonstigen geplanten Kosten (z.B. Transportkosten, projektbezogene Steueraufwendungen etc.) darzustellen und im Rahmen der Abwicklung direkt den tatsächlichen Kosten gegenüber zu stellen. Die *Terminplanung* muss zu Beginn der Abwicklung auf Aktualität überprüft werden und alle intern und extern vereinbarten Termine (Meilensteine, Liefertermine von Unterlieferanten, Liefertermin an eigenen Kunden etc.) und ggf. vorhandene Pufferzeiten enthalten. Für ein wirkungsvolles Nachforderungsmanagement ist hierbei insbesondere darauf zu achten, dass sämtliche Termine in vertraglich fixierter Form vorliegen. Für die *Leistungsplanung* ist sicherzustellen, dass die zu erbringende Leistung in allen Fachbereichen bekannt ist und eine Methode vereinbart wurde, um den Leistungsfortschritt in der Abwicklung objektiv zu bestimmen. Für Fachbereiche, die zur Leistungserbringung ausschließlich Stunden verschreiben (z.B. Konstruktionsabteilungen), kann dabei ein linearer Ansatz zwischen Dauer und Stunden bzw. Kosten des Arbeitspakets verwendet werden. Fachbereiche, die neben eigener Leistung auch Bestellungen o.Ä. tätigen, müssen dabei einen modifizierten Ansatz wählen.[31] Aus der *Kapazitätsplanung* sollte im Vorlaufprozess ein mit den jeweiligen Fachbereichen abgestimmter und fixierter Ressourcenplan vorliegen, der sich über die gesamte Abwicklungsdauer erstreckt. Zur Sicherung der Aktualität sollte dieser Plan in dieser Prozessstufe nochmals durch die Fachbereiche bestätigt werden, da während der Projektabwicklung eine Aktualisierung des Ressourcenplans in der Regel in größeren Abständen erfolgt, als die Informationen der übrigen Zieldimensionen.

2. *Erstellung des ersten Risiko- und Chancenportfolios:*

Zum Ende des Vorlaufprozesses sollten sämtliche relevanten Risiken und Chancen bekannt sein, die einen Einfluss auf den Projekterfolg ausüben können. Diese sind in eine erste Risiko- und Chancenmatrix einzutragen, welche im Projektverlauf regelmäßig aktualisiert wird.

3. *Ursachen- und Maßnahmenkatalog vorbereiten:*

Aus der Bearbeitung früherer Projekte sollten entsprechende Ursachen- und Maßnahmenkataloge vorliegen, welche in dieser Prozessstufe auf ihre Aktualität und Vollständigkeit hin zu überprüfen sind. Im Speziellen sind hierbei die bereits diagnostizierten Risiken und Chancen des aktuellen Projektes zu berücksichtigen und es ist sicherzustellen, dass hierfür geeignete Maßnahmen entwickelt wurden, sofern diese nicht bereits in den jeweiligen Katalogen enthalten sind.

4. *Vorbereitung sämtlicher Projektunterlagen und Verteilerlisten:*

Im Rahmen der Diagnose und Steuerung sind eine Vielzahl von Hilfsmitteln und Reporting-Tools in Gebrauch, welche vorab gemäß der Projektanforderungen vorzubereiten sind. Neben den Hilfsmitteln, die der Projektleiter zu seiner eigenen Unterstützung verwendet, sind insbesondere die Projektunterlagen vorzubereiten, welche der Information Dritter dienen (z.B. Projektstatusberichte, Risikoreporting). Hierzu sind auch die entsprechenden Verteilerlisten vorzubereiten, welche bei komplexen Anlagenbauprojekten eine große Anzahl von Adressaten umfassen können.

---

[31] Siehe hierzu auch Kapitel 3.3.1 und 3.4.2.

5. Indikatoren für sonstige Projektziele definieren:

Neben den Zieldimensionen Kosten, Zeit und Leistung existieren regelmäßig weitere Projektziele, die im Zuge der Diagnose und Steuerung mess- und handhabbar ausgestaltet werden müssen. Für diese Projektziele sind geeignete Indikatoren zu bestimmen, die eine qualifizierte Analyse und Einflussnahme zulassen. Beispielsweise lassen sich für die Prozess- und Produktqualität geeignete Anhaltspunkte aus der DIN EN ISO 9001:2008 ableiten und im Rahmen der Fertigungs- bzw. Montageüberwachung anwenden.

Folgende ausgewählte Aspekte des Vorlaufprozesses stellen besondere Problemfelder dar und sind daher mit besonderer Sorgfalt zu behandeln:

Tab. 4.1: Ausgewählte Problemfelder des Vorlaufprozesses

Dimension	Ausgewählte Problemfelder des Vorlaufprozesses
Kosten	Verwendung zu grober oder zu detaillierter Kostenstrukturpläne für Analysezwecke
	Falsche EDV-seitige Zuordnung budgetierter Kosten in der Kalkulation
	Kalkulation enthält teils veraltete Preisstrukturen für Materialien und Komponenten
	Keine nachträgliche Implementierung von zuvor nicht kalkulierten Kostenfaktoren
Termine	Keine konkrete Festlegung von Meilensteinen und internen Stichtagen
	Vorhandensein und Größe von Pufferzeiten nur unzureichend bekannt
Leistung	Keine Festlegung objektiver Methoden zur Ermittlung von Fertigstellungsgraden
Kapazität	Kapazitätszusagen werden nicht fixiert und erfolgen lediglich auf informellem Weg
Kataloge	Ursachen- und Maßnahmenkataloge werden nicht genutzt oder sind nicht aktuell
Information	Kurzfristige und unzureichende Vorbereitungen von Projektunterlagen erst im Bedarfsfall
	Keine Verwendung einheitlicher Verteilerlisten durch unterschiedliche Projektbeteiligte
Risiken/ Chancen	Konzentration auf wenige Risiken statt breiter Abdeckung durch Nutzung einer Risikomatrix
	Keine Kenntnis oder Vernachlässigung von Chancen
Sonstiges	Mangelhafte Berücksichtigung und fehlende Indikatoren für sekundäre Projektziele

4.3.2.2 Analyseprozess

Das Ziel des Analyseprozesses ist das Erkennen von Plan-Ist-Abweichungen sowie die Verfolgung von im Projektverlauf initiierten Maßnahmen. Weiterhin umfasst diese Prozessstufe das Analysieren der Abweichungsursachen und bildet hierdurch die Grundlage für einen fundierten Steuerungsprozess. Der Analyseprozess soll sicherstellen, dass identifizierten Abweichungen und sonstigen kritischen Entwicklungen nicht mit übereilt eingeleiteten Maßnahmen begegnet wird. Vielmehr sind Steuerungsoptionen zu wählen, die sowohl die Abweichung selbst positiv beeinflussen, als auch die mit der Planabweichung indirekt in Zusammenhang stehenden Projektaspekte angemessen berücksichtigen. Diese Prozessstufe umfasst mindestens die nachfolgenden Inhalte und endet mit dem Abschluss der Ursachenanalyse:

1. *Ermittlung und Aufbereitung der Istdaten:*

Grundlage eines effizienten Plan-Ist-Vergleiches sind neben den entsprechend aufbereiteten Plandaten auch die in regelmäßigen Abständen ermittelten Istdaten. Im Fall der *Kosten* führt die EDV-technische Verknüpfung von Projektmanagementfunktionen und der Buchhaltung bzw. Kostenrechnung zu einer problemlosen Durchführung von Plan-Ist-Vergleichen und erlaubt hierdurch eine unmittelbare Identifikation von tatsächlichen und/oder erwarteten Kostenüberschreitungen. Zu beachten ist hierbei, dass ausstehende Kostenerwartungen im EDV-System permanent gepflegt werden und somit stets aktuelle Informationen liefern. Ebenso ist die *Terminübersicht* zu aktualisieren, was zum einen die Ergänzung des Terminplanes um neue Informationen durch Unterlieferanten, externe Dienstleister oder eigene Ressourcen umfasst und zum anderen eine möglicherweise bereits eingetretene Verzögerung von Projektaktivitäten beinhaltet. Die regelmäßige Rückmeldung bezüglich der *Leistung* erfolgt sowohl aus den eigenen Fachbereichen als auch durch die Fertigungs- bzw. Montageüberwachung in Form von Leistungsfortschrittsangaben. Diese haben quantitativ und qualitativ zu erfolgen, um neben Informationen zur Terminplanung auch Rückschlüsse auf mögliche Probleme hinsichtlich der verfolgten technischen Lösung zu liefern. Letztlich ist die Übersicht über die zugesicherten *Kapazitäten* durch die einzelnen Fachbereiche bis zum Ende der Projektlaufzeit zu aktualisieren. Dies kann in der Regel in größeren zeitlichen Intervallen erfolgen als die Aufbereitung der übrigen Zieldimensionen, ist aufgrund der Folgen eines nicht rechtzeitig erkannten Kapazitätengpasses allerdings nicht zu vernachlässigen.

2. *Durchführung der Maßnahmenverfolgung:*

Initiierte Maßnahmen zur Vermeidung negativer Entwicklungen, Realisierung von Chancen oder Reduzierung nicht vollständig vermeidbarer Verluste müssen hinsichtlich ihrer Wirkung nachgehalten werden. Dies ist einerseits für das laufende Projekt von Belang, da unwirksame Maßnahmen durch wirksame ersetzt werden müssen, andererseits partizipieren langfristig nachfolgende Projekte von den Erfahrungen aktuell abgewickelter Aufträge. Die Ergebnisse der Maßnahmenverfolgung sind demnach in einem projektübergreifenden Maßnahmenkatalog eindeutig zu dokumentieren. Von besonderer Bedeutung sind hierbei nicht nur die Einflüsse der Maßnahmen auf den primären Maßnahmenzweck selbst, sondern auch auf Aspekte des Projektes, die durch die Maßnahmen indirekt beeinflusst werden und sich auf das Projekt ggf. nachteilig auswirken können.

3. Aktualisierung des Risiko- und Chancenportfolios:

Wesentlicher Bestandteil dieser Prozessstufe ist die permanente Aktualisierung des vorhandenen Risiko- und Chancenportfolios. Hier ist zu analysieren, inwiefern durch die Veränderungen von Eintrittswahrscheinlichkeiten und Schadenshöhen Bewegungen im vorhandenen Portfolio stattfinden und sich somit Prioritäten verschieben (vgl. Gleißner 2008: 45). Weiterhin müssen neu aufgetretene Chancen und Risiken in das existierende Portfolio aufgenommen und entsprechend gewürdigt werden (vgl. Gleißner 2008: 198 f.).

4. Bestimmung von Abweichungs- und Risikoursachen:

Wirksame Steuerungsmaßnahmen können nur eingeleitet werden, wenn die Ursachen von Plan-Ist-Abweichungen und Risiken bekannt und allgemein nachvollziehbar sind. Somit besteht ein wesentlicher Bestandteil des Analyseprozesses darin, die Ursachen für bestehende oder zu erwartende Abweichungen bzw. Risiken zu ermitteln. Da Abweichungen und Risiken in der Regel durch mehr als eine Ursache bedingt werden, sind diese gemäß der Stärke ihrer Auswirkungen und der Möglichkeiten der eigenen Einflussnahme zu priorisieren.

5. Ursache-Wirkungs-Zusammenhänge erkennen:

Gegen die Ursachen von Abweichungen und Risiken vorzugehen, ohne die vorhandenen Zusammenhänge zu den übrigen Projektzielen zu berücksichtigen, kann zu einer weit negativeren Entwicklung führen als das ursprüngliche Problem selbst. Von daher ist eine ganzheitliche Betrachtung der Ursache-Wirkungs-Zusammenhänge zwingend erforderlich, um sämtliche Konsequenzen der nachfolgend initiierten Maßnahmen absehen zu können. Sowohl die Bestimmung der Ursachen als auch die damit korrelierenden Zusammenhänge sind in einem projektübergreifenden Katalog zu dokumentieren, um hierdurch zukünftige Projekte zu unterstützen. In diesem Zusammenhang sind ggf. verwendete Ursache-Wirkungs-Netzwerke zu pflegen und zu aktualisieren.

Folgende ausgewählte Aspekte des Analyseprozesses stellen besondere Problemfelder dar und sind daher mit besonderer Sorgfalt zu behandeln:

Tab. 4.2: Ausgewählte Problemfelder des Analyseprozesses

Dimension	Ausgewählte Problemfelder des Analyseprozesses
Kosten	Falsche Zuordnung von Ist-Kosten führt zu wenig aussagekräftigen Plan-Ist-Vergleichen
	Stunden für eigene Leistungen werden (bewusst) auf andere Projekte verschrieben
	Aktuelle Kostenerwartungen werden nicht regelmäßig gepflegt und aktualisiert
Termine	Ausbleibende Nachverfolgung von Lieferantenterminen und externen Dienstleistungen
Leistung	Rückmeldungen aus Fachbereichen erfolgen unregelmäßig und wenig detailliert
	Informationen zu akuten oder erwarteten Problemen werden bewusst zurückgehalten
Kapazität	Aktualisierungen der Kapazitätsübersichten finden nach der ersten Erstellung nicht mehr statt
	Absehbare kapazitive Engpässe werden durch die Fachbereiche nicht aktiv gemeldet
Maßnahmen	Initiierte Maßnahmen sind aufgrund nicht vorhandener Indikatoren schlecht nachverfolgbar
	Maßnahmen und deren Auswirkungen werden häufig mangelhaft dokumentiert
Risiken/ Chancen	Neubewertung bekannter Risiken erfolgt nur für wenige wesentliche Risiken
	Neuaufnahme von Risiken und Chancen nur bei bereits vorhandener Wesentlichkeit
Ursachen	Reine Fokussierung auf Ursachen ohne Berücksichtigung systematischer Zusammenhänge

4.3.2.3 Steuerungsprozess

Das Ziel des Steuerungsprozesses ist die Entwicklung geeigneter Maßnahmen zur Vermeidung bzw. Minderung negativer Effekte durch Planabweichungen. Weiterhin sind im Rahmen dieser Prozessstufe auf Basis des Risiko- und Chancenportfolios Maßnahmen herzuleiten, die der gezielten Risikovermeidung und Chancenrealisierung dienen. Auch der Steuerungsprozess beinhaltet darüber hinaus Dokumentationstätigkeiten hinsichtlich der Pflege einer projektübergreifenden Wissensdatenbank. Der Prozess der Steuerung endet mit der Berichterstattung an die betreffenden Stakeholder und umfasst dabei mindestens die nachfolgend aufgeführten Inhalte:

1. *Maßnahmenentwicklung gegen Planabweichungseffekte:*

Komplexe Anlagenbauprojekte weisen eine Vielzahl potentieller Abweichungsursachen auf, welchen wiederum durch zahlreiche Maßnahmenvarianten begegnet werden kann. *Kostenüberschreitungen* resultieren z.B. häufig aus falsch kalkulierten Mengengerüsten im Stahlbau, einer zu geringen Anzahl budgetierter Stunden für eigene Leistungen oder die versäumte Berücksichtigung wesentlicher Kostenfaktoren für ausländische Steuern oder externe Dienstleistungen. Als geeignete Maßnahmen können in diesen Fällen Nachverhandlungen mit den Kunden, Einsparungen bei bislang noch nicht getätigten Bestellungen oder Inanspruchnahme des Risikobudgets dienen. Effekte aus aufgetretenen *Terminüberschreitungen* oder *absehbaren zeitlichen Engpässen* können beispielsweise durch die Ausnutzung von Pufferzeiten oder dem Vorziehen nachgelagerter Arbeitspakete abgeschwächt werden. Sofern die Verzögerung durch externe Lieferanten verursacht wird, kann weiterhin durch ein gezieltes Nachforderungsmanagement einer Negativentwicklung entgegengesteuert werden. Treten im Rahmen der technischen Realisierung *Leistungsabweichungen* auf oder sind mittelfristig Mängel in der technischen Konzeption zu erwarten, bedingen diese regelmäßig auch Kosten- und Terminabweichungen. Darüber hinaus kann es auch nötig sein, das gesamte technische Konzept einer Revision zu unterziehen und entsprechend anzupassen. In diesen Fällen sind Gespräche mit dem Kunden bzw. eine Nutzung des Risikobudgets meist unvermeidlich, da konzeptionelle Änderungen in der Regel zeit- und kostenintensiver als eine planmäßige Bearbeitung des Projektes sind. Sind hingegen *kapazitive Engpässe* abzusehen, so sind durch den jeweiligen Fachbereich angemessene Alternativen zu stellen. Dies kann z.B. durch einen Ressourcenabzug von anderen Projekten geschehen oder bei entsprechend bedeutsamen Projekten durch den kurzfristigen Aufbau neuer Kapazitäten. Maßnahmen für Planabweichungen primärer sowie sekundärer Zieldimensionen (z.B. Qualität) sollten hierbei wiederum in einem geeigneten Maßnahmenkatalog nachgehalten werden.

2. *Maßnahmenentwicklung zur Risikovermeidung/Chancenrealisierung:*

Die gezielte Vermeidung von Risiken und die Verfolgung priorisierter Chancen ist wesentlicher Bestandteil dieser Prozessstufe. Ein bedeutendes Risiko bildet im Anlagenbau z.B. der Ausfall wichtiger Unterlieferanten, da dies in der Regel zu großen Terminverschiebungen und somit zu wirtschaftlichen Einbußen führt. Die Beobachtung von Risikoindikatoren wie beispielsweise die Vermeidung von verbindlichen Lieferzusagen durch Unterlieferanten sowie eine rechtzeitige Organisation von Alternativlieferanten sind zur Risikovermeidung unerlässlich. Auch die aktive Verfolgung von Chancen, z.B. durch die Realisierung einer im Vergleich zur ursprünglichen Kalkulation kostengünstigeren technischen Konzeption, dem Erzielen von Einkaufserfolgen durch Lieferantenwechsel oder einem gezielten Nachforderungsmanagement, ist Inhalt des Steuerungsprozesses.

3. Definition von Indikatoren zur Maßnahmenbeurteilung:

Zur Gewährleistung einer aussagekräftigen Maßnahmenverfolgung ist eine Definition von Indikatoren notwendig, mittels derer die eingeleiteten Maßnahmen hinsichtlich ihrer Wirkung beurteilt werden können. Können Maßnahmen, die der Reduktion von Kosten oder terminlichen Engpässen dienen, regelmäßig direkt auf ihre Wirksamkeit hin untersucht werden, muss z.B. für konzeptionelle Maßnahmen zunächst ein objektiver Maßstab gefunden werden. Je nach Art der zu konstruierenden Anlage kann hierzu beispielsweise ein Vergleich der Tragkraft, der Heizleistung oder des Fördervolumens der ursprünglichen und der modifizierten Konzeption als Beurteilungsmaßstab herangezogen werden, um Maßnahmen im Bereich der Leistungserbringung bewertbar zu gestalten.

4. Dokumentation und Berichterstattung:

Zum Ende dieser Prozessstufe ist eine zusammenfassende Dokumentation hinsichtlich des aktuellen Projektstatus, der erwarteten Entwicklung, der Risikosituation und ggf. eingeleiteter Maßnahmen zu erstellen (vgl. Fiedler 2010: 155). Je nach Branche und Unternehmen stellen unterschiedliche Stakeholder Ansprüche an eine regelmäßige Berichterstattung, zumindest die unternehmerische Geschäftsführung ist jedoch regelmäßig mittels geeigneter Berichte über die wesentlichen Entwicklungen zu informieren (vgl. Burghardt 2007: 235-243).

Folgende ausgewählte Aspekte des Steuerungsprozesses stellen besondere Problemfelder dar und sind daher mit besonderer Sorgfalt zu behandeln:

Tab. 4.3: Ausgewählte Problemfelder des Steuerungsprozesses

Dimension	Ausgewählte Problemfelder des Steuerungsprozesses
Kosten	„Kosteneinsparungen" durch bewusste Stundenverschreibung auf andere Projekte
	Pauschale Nutzung des Risikobudgets im Fall von Kostenüberschreitungen
	Auflösungen von Kostenrückstellungen, die für andere Zwecke gebildet wurden
Termine	Ungenügende vertragliche Regelungen für Lieferverzüge durch Unterlieferanten
	Akzeptanz von Abstrichen in der Ausführungsqualität zur Einhaltung von Zeitplänen
Leistung	Keine rechtzeitige Organisation von Alternativen für Lieferanten und Dienstleister
	Notwendigkeit technischer Neukonzeptionen durch Zeitdruck in der Angebotsphase
	Geringe Spielräume für konzeptionelle Änderungen durch rigide Vertragsgestaltung
Kapazität	Schaffung neuer Engpässe durch den Abzug von Ressourcen aus anderen Projekten
	Übereilter Aufbau neuer Ressourcen mit mangelnder Erfahrung und Know-How
Risiken/ Chancen	Zu späte Entschärfungsbemühungen hinsichtlich bereits lange bekannter Risiken
	Geringe Nachforderungsmöglichkeiten durch unzureichende Vertragsgestaltung
	Keine Erzielung von Einkaufserfolgen durch ausschließliche Nutzung bekannter Kontakte
Dokumentation	Ausbleibender Lerneffekt für Nachfolgeprojekte durch ungenügende Dokumentationen
Reporting	Oberflächliche Berichterstattung und Einbehalt unangenehmer Informationen

4.3.3 Geschlossener Ablaufprozess

Der geschlossene Ablaufprozess des Projektregelkreises stellt sich wie folgt dar:

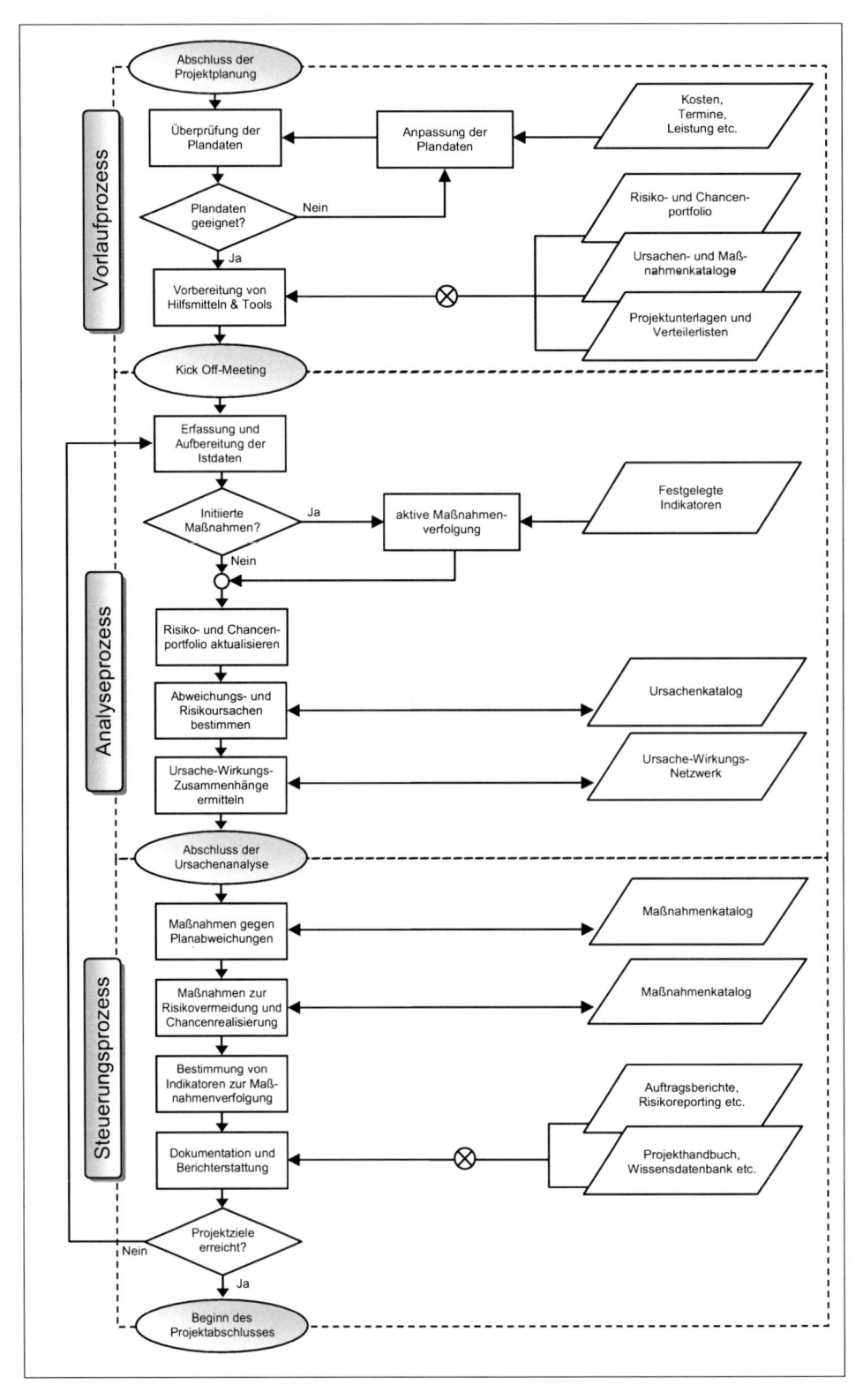

Abb. 4.3: Geschlossener Ablaufprozess des Projektregelkreises (eigene Darstellung)

4.3.4 Kritische Würdigung des ganzheitlichen Projektregelkreises

Der hier dargestellte Projektregelkreis zur diagnostischen Steuerung bildet die wesentlichsten Aspekte ab, die im Rahmen einer Projektabwicklung im Anlagenbau zu berücksichtigen sind. Je nach Branche und Unternehmen sind die Elemente und Inhalte des Regelkreises zu konkretisieren und zu ergänzen, der zugrunde liegende Ansatz ist jedoch universell einsetzbar.

Der zusätzliche Mehraufwand für den Projektleiter und die Projektbeteiligten zum Zwecke einer ganzheitlichen Projektsteuerung ist unabstreitbar. Sofern ein solches Analyse- und Steuerungsinstrument nicht bereits im Einsatz ist, wird seine Implementierung auf vielerlei Widerstand stoßen. Dennoch steigert seine durchgängige Anwendung die Wahrscheinlichkeit einer erfolgreichen Projektabwicklung erheblich. Durch den ganzheitlichen Ansatz werden auch sekundäre Zielgrößen berücksichtigt und insbesondere die Zusammenhänge und Wirkungsbeziehungen zwischen den einzelnen Aspekten untersucht. Die explizite Einbeziehung des Risiko- und Chancenmanagements steigert zusätzlich die Aussicht auf einen erfolgreichen Projektabschluss. Trotzdem muss erwähnt werden, dass auch eine um Ganzheitlichkeit und Weitsicht bemühte Projektsteuerung keine Garantie für einen problemlosen und zwangsläufig erfolgreichen Projektabschluss darstellt. Bedingt durch die immanente Komplexität von Anlagenbauprojekten und dem permanent herrschenden Zeitdruck bei der Abwicklung von Aufträgen, muss damit gerechnet werden, dass die vorgesehene Systematik häufig nicht durchgängig eingehalten wird.

Grundsätzlich ist festzuhalten, das die komplexe Dynamik einer Auftragsabwicklung im Anlagenbau niemals vollständig überschaubar und kontrollierbar sein wird, dennoch vermag ein systematischer Ansatz zur diagnostischen Projektsteuerung weitestgehend vor unangenehmen Überraschungen zu schützen. Ein systematisches Verarbeiten von vergangenheits- und zukunftsbezogenen Informationen dient sowohl der erfolgreichen Abwicklung aktueller als auch nachfolgend erwarteter Projekte und leistet somit einen wertvollen Beitrag zum allgemeinen Unternehmenserfolg.

5 Fazit und Ausblick

Komplexe Anlagenbauprojekte mit ihren zahlreichen inhärenten Risiken bedürfen aufgrund der weitreichenden Folgen für die ausführenden Unternehmen, die im Falle eines Misserfolges eintreten können, einer systematischen und ganzheitlichen Abwicklungsmethodik. Die vorliegende Untersuchung hat gezeigt, welche Möglichkeiten ein ganzheitlicher Ansatz des Projektmanagements bietet, um ein Projekt von seiner Entstehung bis zu seinem Abschluss durchgängig zu begleiten. Darüber hinaus wurde verdeutlicht, welche Signifikanz für den Projekterfolg der Phase der Projektausführung zuzusprechen ist. Eine erfolgreiche Ausführung kann ausschließlich durch eine permanente und systematische Projektdiagnose und -steuerung erfolgen, deren Inhalte und Methoden im Rahmen dieser Untersuchung dargelegt wurden. Es wurde ein methodisches Grundgerüst zur effektiven Analyse und Steuerung entwickelt und Erläuterungen zu praxisbezogenen Problemfeldern im Zusammenhang mit der Auftragsabwicklung von Anlagenbauprojekten genannt. Dieser methodische Rahmen kann gemäß der Erfordernisse unterschiedlicher Branchen und Unternehmen konkretisiert und ergänzt werden und somit ein wertvolles Hilfsmittel zur erfolgreichen Projektabwicklung darstellen. Dennoch muss deutlich gemacht werden, dass Anlagenbauprojekte aufgrund ihrer Komplexität eine große Angriffsfläche für unterschiedlichste Einflüsse aus der Projektumwelt bieten und auch ein ganzheitlicher Ansatz niemals eine Erfolgsgarantie darstellen kann.

Zukünftig wird die Notwendigkeit der Abwicklung komplexer Projekte für Unternehmen im Anlagenbau nicht rückläufig sein, sondern durch die zunehmende Durchdringung internationaler Märkte noch stärker in den Fokus rücken. Zusätzlich ist zu erwarten, dass durch diesen Umstand der bereits harte Wettbewerb auf allen Märkten auch weiterhin zunehmen wird, was eine ganzheitliche und erfolgsorientierte Projektsteuerung noch notwendiger macht. Das Kalkulieren großzügiger Sicherheitsbudgets wird durch den sich stetig verschärfenden Preiskampf kaum noch realisierbar sein, wodurch ein frühzeitiges Erkennen von Problemen und die Vermeidung von Fehlern während der Projektabwicklung unabdingbar werden. Ein systematischer Ansatz zur diagnostischen Steuerung von Anlagenbauprojekten kann hierbei auch in Zukunft ein wertvolles Hilfsmittel darstellen, um eine vorausschauende und erfolgsorientierte Auftragsabwicklung zu sichern.

Literaturverzeichnis

Bea, F.X.; Scheurer, S.; Hesselmann, S. (2008): Projektmanagement. Stuttgart: Lucius & Lucius.

Bendisch, R.; Kern, U. (2006): Projekte managen - Basiswissen kompakt. FOM Projektmanagement Band I, Essen: MA Akademie.

Bergmann, R.; Garrecht, M. (2008): Organisation und Projektmanagement. Heidelberg: Physica.

Burghardt, M. (2007): Einführung in Projektmanagement - Definition, Planung, Kontrolle, Abschluss. 5., überarbeitete und erweiterte Aufl., Erlangen: Publicis.

Burghardt, M. (2008): Projektmanagement - Leitfaden für die Planung, Überwachung und Steuerung von Projekten. 8., wesentlich überarbeitete und erweiterte Aufl., Erlangen: Publicis.

Campana, C. (2005): Warum Projektmanagement für jedes Unternehmen ein kritischer Erfolgsfaktor ist. In: Schott, E.; Campana, C. (Hrsg.): Strategisches Projektmanagement. Berlin: Springer: 3-27.

Corsten, H.; Corsten H.; Gössinger, R. (2008): Projektmanagement. 2. Aufl., München: Oldenbourg.

Demleitner, K. (2009): Projekt-Controlling - Die kaufmännische Sicht der Projekte. 2., durchgesehene Aufl., Renningen: expert.

DIN EN ISO 9001:2008 (2008): Qualitätsmanagementsysteme - Anforderungen. Berlin: Beuth.

Fiedler, R. (2010): Controlling von Projekten. 5., erweiterte Aufl., Wiesbaden: Vieweg+Teubner.

Gleißner, W. (2008): Grundlagen des Risikomanagements im Unternehmen. München: Vahlen.

GPM, PA Consulting Group (Hrsg.) (2007): Ergebnisse der Projektmanagement-Studie. Online in Internet: „URL:http://www.competencesite.de/downloads/f5/c6/i_file_12399/PA_GPM_Studie_Erfolgsfaktoren_Projekte.pdf [Stand: 19.08.2010]".

Gregorc, W.; Weiner, K.-L. (2009): Claim Management - Ein Leitfaden für Projektmanager und Projektteam. 2., erweiterte Aufl., Erlangen: Publicis.

Hahn, D. (2001): PuK - Controllingkonzepte: Planung und Kontrolle. 6. Aufl., Wiesbaden: Gabler.

Kerzner, H. (2008): Projekt Management - Ein systemorientierter Ansatz zur Planung und Steuerung. 2. deutsche Aufl., Heidelberg: mitp.

Körner, M. (2008): Geschäftsprojekte zum Erfolg führen - Das neue Projektmanagement für Innovation und Veränderung im Unternehmen. Berlin: Springer.

Kraus, G.; Westermann, R. (2010): Projektmanagement mit System. 4., überarbeitete und erweiterte Aufl., Wiesbaden: Gabler.

Kuster, J.; Huber, E.; Lippmann, R.; Schmid, A.; Schneider, E.; Witschi, U.; Wüst, R. (2008): Handbuch Projektmanagement. 2., überarbeitete Aufl., Berlin: Springer.

Linß, G. (2005): Qualitätsmanagement für Ingenieure. 2., aktualisierte und erweiterte Aufl., München: Hanser.

Litke, H.-D. (2007): Projektmanagement - Methoden, Techniken, Verhaltensweisen - Evolutionäres Projektmanagement. 5., erweiterte Aufl., München: Hanser.

Loffing, C.; Budnik, S. (2005): Projekte erfolgreich managen - Mit dem richtigen Plan zum Ziel. Stuttgart: Kohlhammer.

Mann, H.; Schiffelgen, H.; Froriep, R. (2009): Einführung in die Regelungstechnik - Analoge und digitale Regelung, Fuzzy-Regler, Regler-Realisierung, Software. 11., neu bearbeitete Aufl., München: Hanser.

Müller, W. (2008): Ressourcenmanagement im strategischen und operativen Multiprojektmanagement. In: Steinle, C.; Eßeling, V.; Eichenberg, T. (Hrsg.): Handbuch Multiprojektmanagement und -controlling - Projekte erfolgreich strukturieren und steuern. Berlin: ESV: 187-204.

Patzak, G.; Rattay, G. (2008): Projektmanagement - Leitfaden zum Management von Projekten, Projektportfolios und projektorientierten Unternehmen. 5. Aufl., Wien: Linde.

Pfetzing, K.; Rohde, A. (2009): Ganzheitliches Projektmanagement. 3., bearbeitete Aufl., Zürich: Versus.

PMI - Project Management Institute (2009): A Guide to the Project Management Body of Knowledge (PMBOK Guide). 4. Aufl., Newtown Square: PMI.

Reuter, M.; Zacher, S. (2008): Regelungstechnik für Ingenieure - Analyse, Simulation und Entwurf von Regelkreisen. 12., korrigierte und erweiterte Aufl., Wiesbaden: Vieweg+Teubner.

Riedl, J.B. (2000): Unternehmenswertorientiertes Performance Measurement. Wiesbaden: DUV.

Rinza, P. (1998): Projektmanagement - Planung, Überwachung und Steuerung von technischen und nichttechnischen Vorhaben. 4., neubearbeitete Aufl., Berlin: Springer.

Schelle, H. (2007): Projekte zum Erfolg führen - Projektmanagement systematisch und kompakt. 5. Aufl.; München: dtv.

Schiemenz, B. (1996): Steuerung. In: Schulte, C. (Hrsg.): Lexikon des Controlling. München: Oldenbourg.

Schreckeneder, B.C. (2005): Projektcontrolling - Projekte überwachen, steuern und präsentieren. 2. Aufl., München: Haufe.

Schwarze, J. (2010): Projektmanagement mit Netzplantechnik. 10., überarbeitete und erweiterte Aufl., Herne: NWB.

Sjurts, I. (1995): Kontrolle, Controlling und Unternehmensführung: Theoretische Grundlagen und Problemlösungen für das operative und strategische Management. Wiesbaden: Gabler.

Spiess, W.; Felding, F. (2008): Conflict Prevention in Project Management - Strategies, Methods, Checklists and Case Studies. Berlin: Springer.

Steinbüchel, A.; Ovcak, B. (2005): Ressourcenmanagement und Budgetoptimierung. In: Schott, E.; Campana, C. (Hrsg.): Strategisches Projektmanagement. Berlin: Springer: 93-109.

Weisser, L. (1998): Controlling in kybernetischer Sicht. In: Controller Magazin 1998, Heft 2, S. 94 - 103.

Wolke, T. (2008): Risikomanagement. 2., vollständig überarbeitete und erweiterte Aufl., München: Oldenbourg.

Zimmermann, J.; Stark, C.; Rieck, J. (2006): Projektplanung - Modelle, Methoden, Management. Berlin: Springer.

Anlage 1: Projektorganisationsmodelle

(1) Stabs-Projektorganisation:

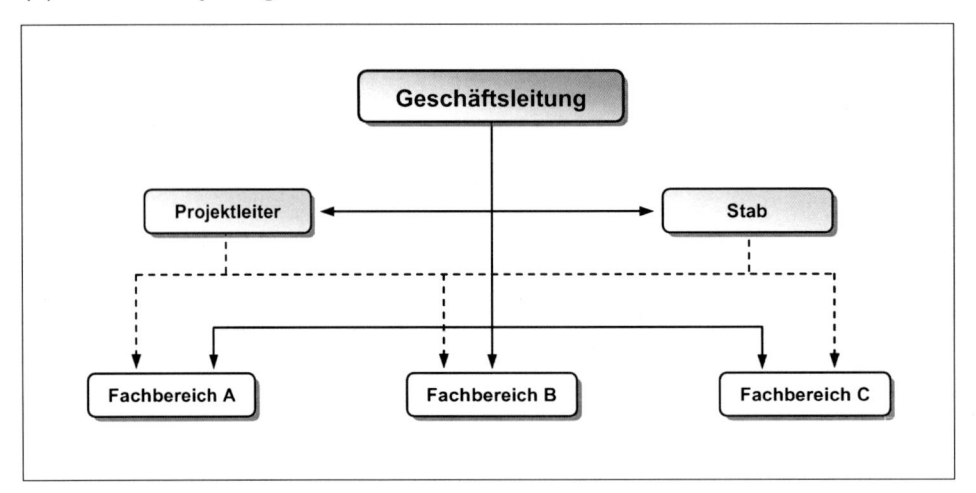

```
                    Geschäftsleitung
                          |
       Projektleiter <---------> Stab
              |               |
       -------+-------+-------+-------
       |              |              |
  Fachbereich A  Fachbereich B  Fachbereich C
```

(2) Matrix-Projektorganisation:

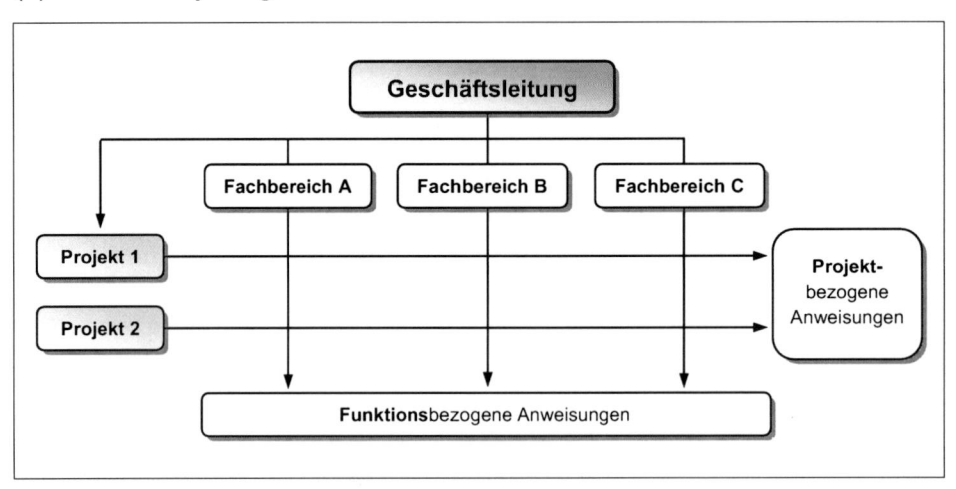

```
                    Geschäftsleitung
                          |
            +-------------+-------------+
            |             |             |
       Fachbereich A  Fachbereich B  Fachbereich C
            |             |             |
  Projekt 1 ----------------------------------> Projekt-
            |             |             |      bezogene
  Projekt 2 ----------------------------------> Anweisungen
            |             |             |
            +-------------+-------------+
                          |
              Funktionsbezogene Anweisungen
```

(3) Reine Projektorganisation:

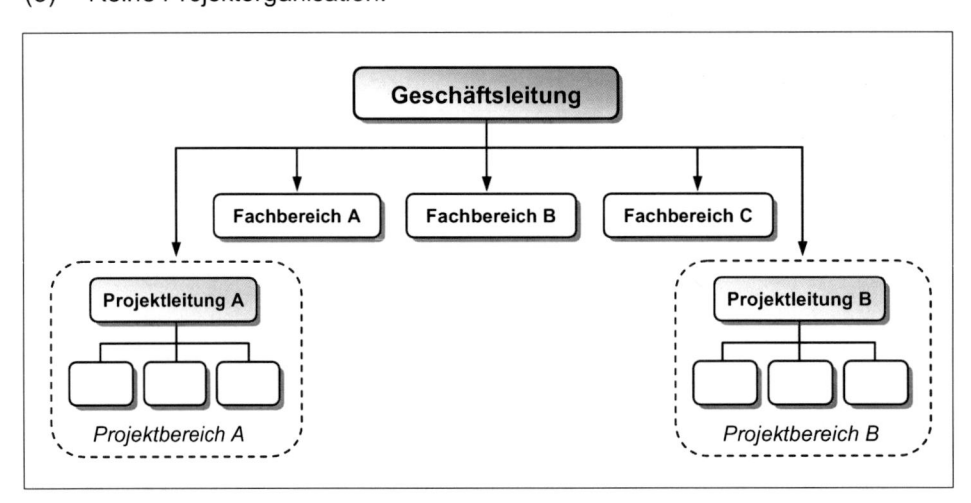

```
                    Geschäftsleitung
                          |
       +---------+--------+--------+---------+
       |         |        |        |         |
  Projektleitung A  Fachbereich A  Fachbereich B  Fachbereich C  Projektleitung B
       |                                                  |
   Projektbereich A                                 Projektbereich B
```

Anlage 2: Objektorientierter Projektstrukturplan

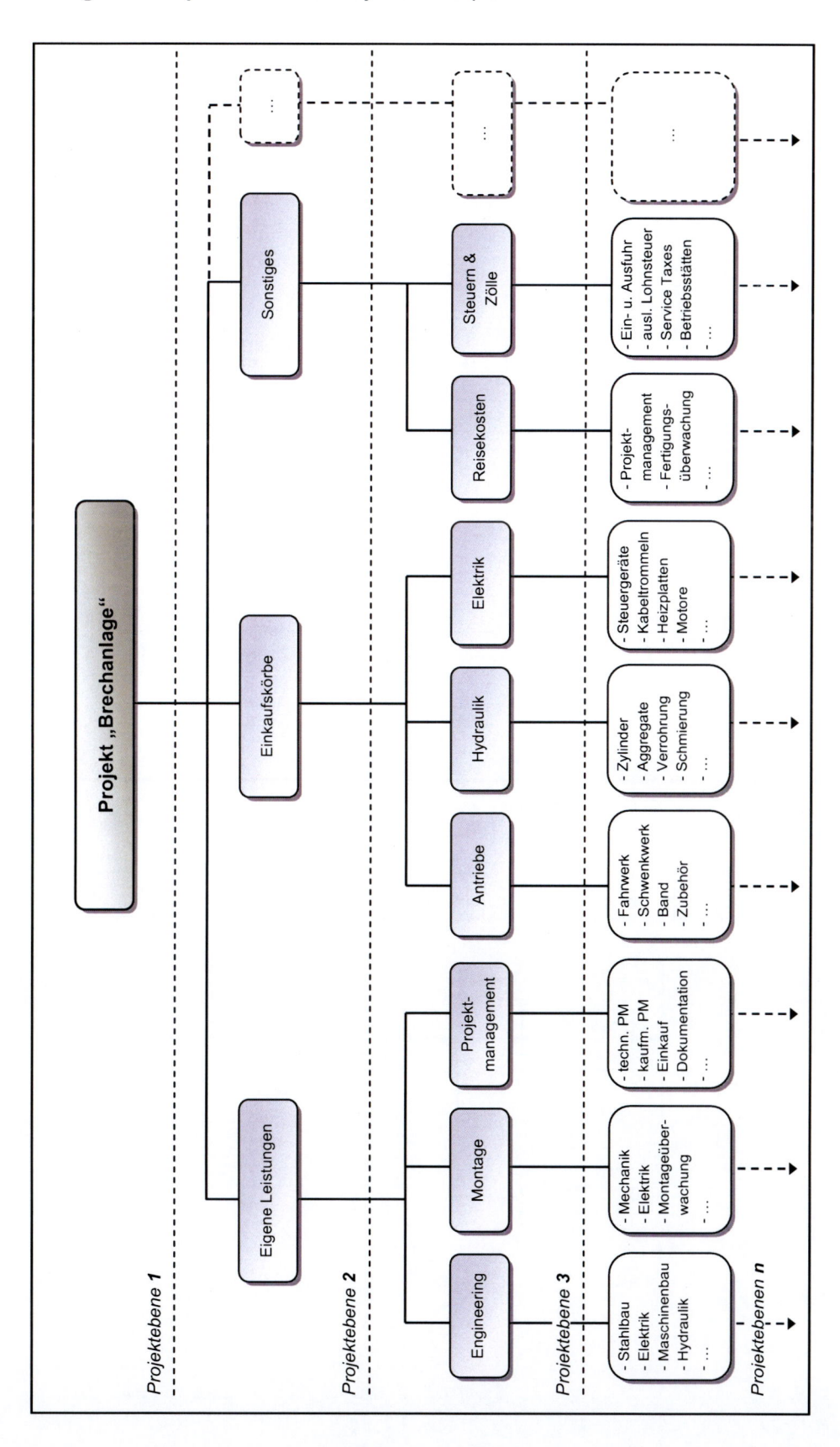

Projekt „Brechanlage"

Projektebene 1

Eigene Leistungen

Engineering
- Stahlbau
- Elektrik
- Maschinenbau
- Hydraulik
- ...

Montage
- Mechanik
- Elektrik
- Montageüberwachung
- ...

Projektmanagement
- techn. PM
- kaufm. PM
- Einkauf
- Dokumentation
- ...

Einkaufskörbe

Antriebe
- Fahrwerk
- Schwenkwerk
- Band
- Zubehör
- ...

Hydraulik
- Zylinder
- Aggregate
- Verrohrung
- Schmierung
- ...

Elektrik
- Steuergeräte
- Kabeltrommeln
- Heizplatten
- Motore
- ...

Sonstiges

Reisekosten
- Projektmanagement
- Fertigungsüberwachung
- ...

Steuern & Zölle
- Ein- u. Ausfuhr
- ausl. Lohnsteuer
- Service Taxes
- Betriebsstätten
- ...

Projektebene 2

Projektebene 3

Projektebenen n

- 67 -

Anlage 3: Balkendiagramm und Netzplan

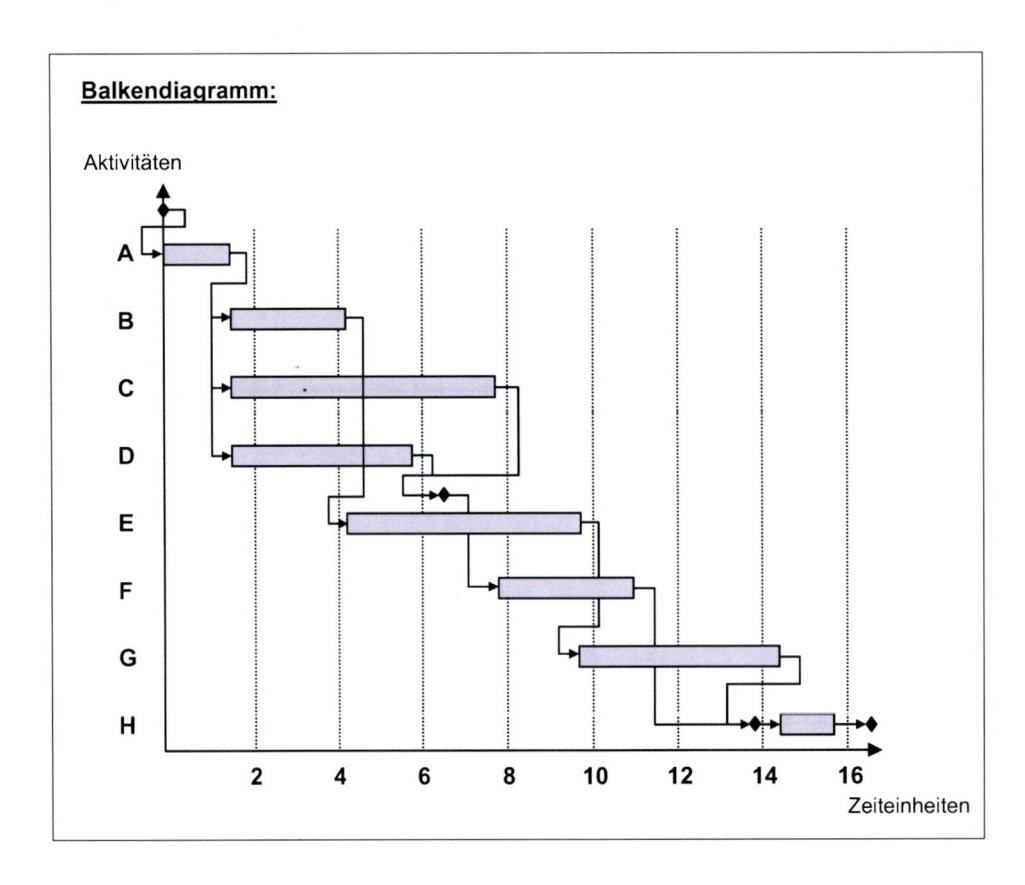

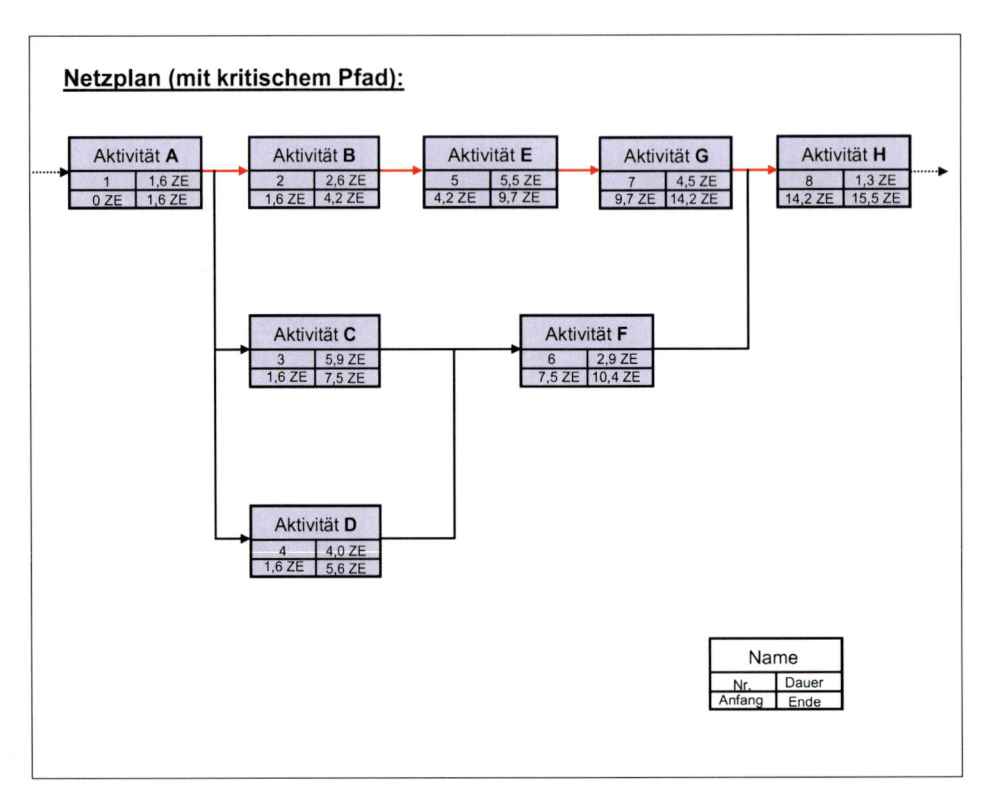

Balkendiagramm:

Aktivitäten: A, B, C, D, E, F, G, H
Zeiteinheiten: 2, 4, 6, 8, 10, 12, 14, 16

Netzplan (mit kritischem Pfad):

Aktivität A		Aktivität B		Aktivität E		Aktivität G		Aktivität H
1	1,6 ZE	2	2,6 ZE	5	5,5 ZE	7	4,5 ZE	8	1,3 ZE
0 ZE	1,6 ZE	1,6 ZE	4,2 ZE	4,2 ZE	9,7 ZE	9,7 ZE	14,2 ZE	14,2 ZE	15,5 ZE

Aktivität C		Aktivität F	
3	5,9 ZE	6	2,9 ZE
1,6 ZE	7,5 ZE	7,5 ZE	10,4 ZE

Aktivität D	
4	4,0 ZE
1,6 ZE	5,6 ZE

Name	
Nr.	Dauer
Anfang	Ende

Anlage 4: Projektstatusbericht

Mitlaufende Kalkulation und Stundenbericht:

Anlagenbau AG
Standort Deutschland
Projektstatusbericht
Datum: 30.06.2010
Seite: 1/2

Vertrieb/Verwaltung in % (vom Umsatz): 6,0 %

Auftrag:	Brechanlage (N-010-90250)	Projektmanager:	Thomas Müller
Kunde:	Kohleenergie GmbH	Lieferumfang:	Entwicklung, Konstruktion und Montage eines Doppelwalzenbrechers
Auftragseingang:	01.11.2009		

Mitlaufende Kalkulation (Werte in TEUR)

	originäre Kalkulation	verhandeltes Budget	letzte Erwartung 04 / 2010	letzte Erwartung 05 / 2010	aktuelle Erwartung 06 / 2010	Abweichung zum verhandelten Budget	IST 06 / 2010
Erlöse	13.000	13.500	13.500	13.500	13.500	0	7.500
Eigene Leistung	2.000	2.000	2.000	2.000	2.200	200	1.100
Zukauf Fremdleistungen	8.000	8.500	8.500	8.600	8.600	100	3.700
sonstige Herstellkosten	700	700	700	700	650	-50	150
Risikobudget	650	650	650	650	650	0	0
Auftragskosten	11.350	11.850	11.850	11.950	12.100	250	4.950
Auftragsergebnis	1.650	1.650	1.650	1.550	1.400	-250	2.550
Sondereinzelkosten	100	80	80	90	100	20	40
Bilanzergebnis	1.550	1.570	1.570	1.460	1.300	-270	2.510
Zuschläge	780	810	810	810	810	0	450
Nettoerfolg	770	760	760	650	490	-270	2.060

Stundenbericht (Stunden)

	originäre Kalkulation	verhandeltes Budget	letzte Erwartung 05 / 2010	aktuelle Erwartung 06 / 2010	Abweichung zum verhandelten Budget
Summe eigene Leistung	28.500	28.500	28.500	31.400	2.900
Engineering / Konstruktion	17.500	17.500	17.500	18.900	1.400
Projektmanagement	3.000	3.000	3.000	3.200	200
Qualitätssicherung	2.000	2.000	2.000	2.200	200
Montage	6.000	6.000	6.000	7.100	1.100

erhaltene Zahlungen in TEUR

erhaltene Zahlungen	7.500

Kostensituation in TEUR

Obligo	8.200
aktuelle Erwartung	12.200
Restbudget	4.000

Restbudget in TEUR

Eigene Leistungen	1.100
Zukauf	1.690
Sonstiges	500
Risikobudget	650
Sondereinzelkosten	60

Kommentierung der Projektentwicklung:

Anlagenbau AG
Standort Deutschland
Projektstatusbericht
Datum: 30.06.2010
Seite: 2/2

Auftrag:	Brechanlage (N-010-90250)	Projektmanager:	Thomas Müller
Kunde:	Kohleenergie GmbH	Lieferumfang:	Entwicklung, Konstruktion und Montage eines Doppelwalzenbrechers
Auftragseingang:	01.11.2009		

Termine:		Garantien:		Befristung	Zahlungsstand:	
Abrechnungstermin Plan:	31.01.2011	Anzahlung	4.464 TEUR	28.02.2011	fällige Zahlungen:	800 TEUR
Abrechnungstermin Aktuell:	31.03.2011	Performance	2.232 TEUR	31.01.2014	erhaltene Zahlungen:	7.500 TEUR
		Gewährleistung	-			

Aktuelle Besonderheiten:	Basic und Detail Engineering für den mechanischen Teil sind abgeschlossen. Ein vorläufiger Terminplan für die Fertigungsablauf liegt vor. Planung und Koordinierung der Fertigungsüberwachung sind in Bearbeitung. Basic Engineering Elektrik ist abgeschlossen und wurde dem Kunden bereits übermittelt. Detail Engineering für die Elektrik (ABB) ist in Bearbeitung und im Plan.
Chancen:	Bewertung
Risiken:	Die wesentlichen Überschreitungen in den PSP-Elementen 0107 und 0117 sind durch den Lieferanten des Stahlbaus verursacht worden. Die entsprechenden Kosten werden von diesem übernommen. Das PSP-Element 0128 Cable, Lighting, Sockets, wurde trotz erneuter Budgetanpassung deutlich überschritten. Grund hierfür sind Nachbestellungen in großem Umfang. Bewertung: 900 TEUR
Kommentare / Probleme:	In der Kupplungsproblematik (siehe vorangegangene Auftragsberichte) wurde mit dem Lieferanten eine Einigung erzielt. Für die Anlagenbau AG fallen Mehrkosten in Höhe von 42,5 TEUR an. (16,2 TEUR für neue Kupplungen, 25,0 TEUR Kostenbeteiligung an Dienstreisen) Die möglichen Kosten auf der Baustelle (Montagestunden, Auslöse, Fremdmontagekosten) können erst eingeschätzt werden, wenn klar ist, wann und wie die Kupplungen getauscht werden. Die hierzu nötige Info zu den Lieferterminen der Kupplungen steht seitens des Lieferanten noch aus.

Anlage 5: Verfügbarkeitstabelle und Belastungsdiagramm

Verfügbarkeitstabelle:

Erforderlicher Fachbereich	Arbeitsaufgabe	Zeitraum von	Zeitraum bis	Personalressource(n)	Index
Stahlbau	Auslegung und Gestaltung der Plattform, der Drehverbindung und des Unterbaus	01.11.2009	25.11.2009	Peter Meyer Berd Vollbrecht	A A
Elektrik / Hydraulik	Dimensionierung der Elektroantriebe und der hydraulischen Schwenkzylinder	20.11.2009	20.12.2009	Dieter Ackermann	B
Maschinenbau	Bemessung des Raupenfahrwerks und der zuführenden Plattenbänder	15.12.2009	31.01.2010	Thorsten Schenk Werner Neuhoff	C C
...	...	...	...	...	...

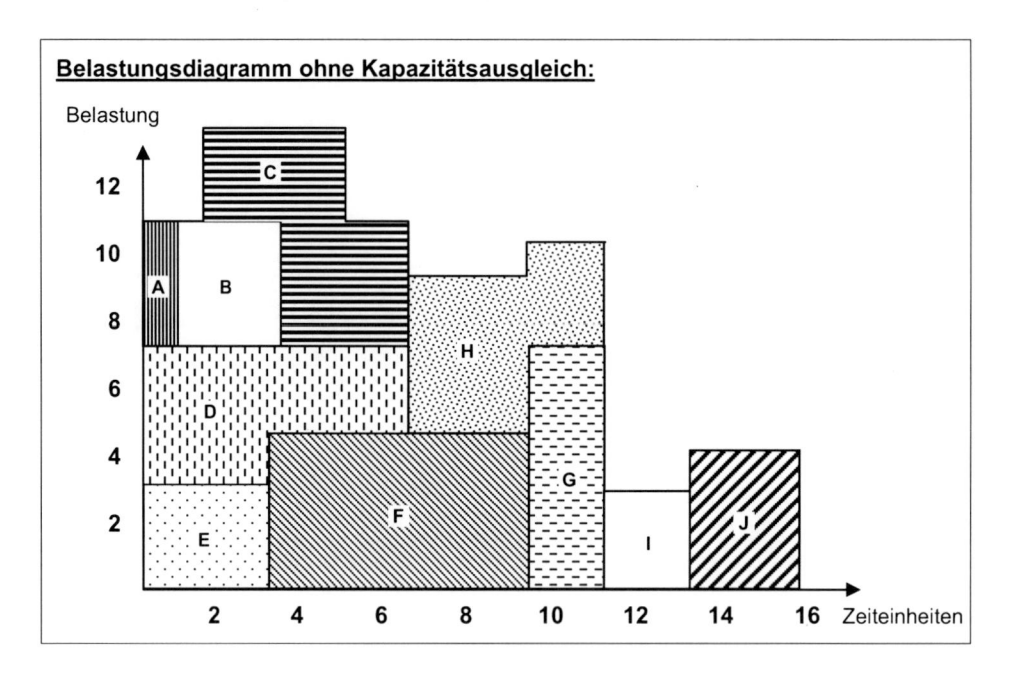

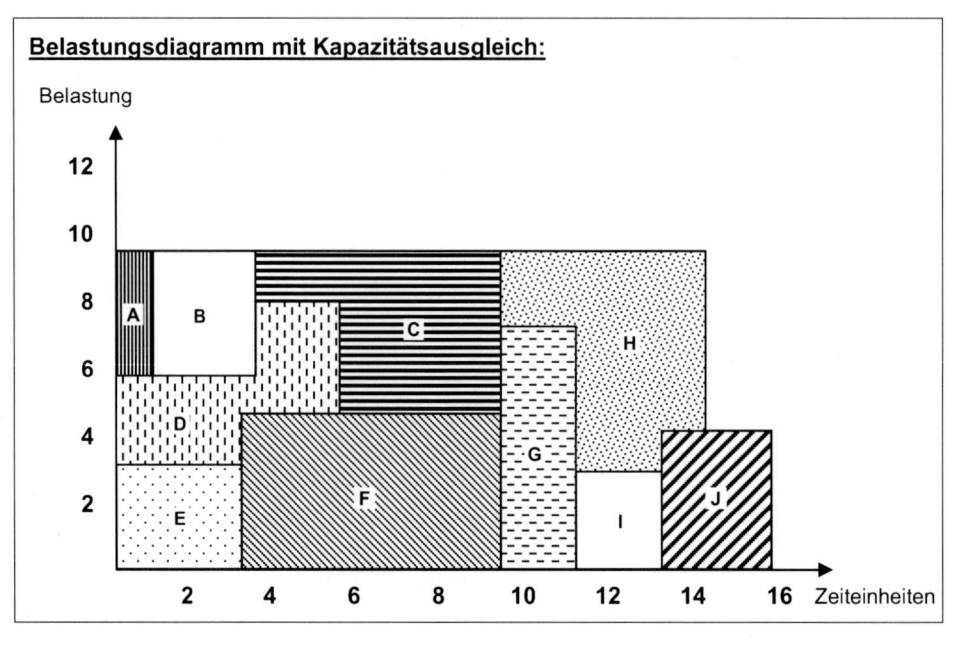

Belastungsdiagramm ohne Kapazitätsausgleich:

Belastungsdiagramm mit Kapazitätsausgleich: